빤초의 플랜트 이야기

무사고를 위한, 33년 건설인의 진심 어린 조언
공사 현장의 휴머니즘은 어떻게 지켜야 하는가?

김인식 지음

불법복사는 지적재산을 훔치는 범죄행위입니다

저작권법 제97조의 5(권리의 침해죄)에 따라 위반자는 5년 이하의 징역 또는 5천만원 이하의 벌금에 처하거나 이를 병과할 수 있습니다.

 추천의 글

"Safety First!"
어느 현장에 가면 우리가 외치는 구호이다. 당연한 말이다. 그런데, 지난 몇 해 동안 김인식 소장이 근무했던 캐나다 오일 샌드 현장에는 이런 구호가 없다. 발주처인 'Suncor'는 이 대신 "Safety is Value!"라는 구호를 사용한다. 우리에게도 같은 구호를 사용하기를 권했다. 이유를 물어보니 Safety는 첫 번째, 두 번째 하면서 서열을 매길 수 있는 것이 아니란다.
'Suncor'에서는 모든 임직원들이 Safety를 그들의 삶에서 핵심가치로 추구하면서 살려고 하는 절실한 노력이 보인다.

저자는 여러 현장에서 얻은 소중한 교훈들을 상세히 소개하고 있다. 딱딱한 교과서나 매뉴얼 스타일 대신, 스토리 형식으로 적어 놓아서 술술 편하게 읽어진다. 아직 현장 경험이 부족한 후배들에게 많은 도움이 될 것이다.
김 소장에게 안전은 숫자로 관리하는 게 아니었다. 현장 식구들과 한 몸이 되어 소통하고, 같이 기쁨과 어려움을 나누고, 한 목적을 향해 달려가고 있는 모습은 보기에도 아름다웠다. 현장에서 각종 기록을 깰 때마다 구성원들과 함께 기뻐하며 행복해 했다. 'SK'가 추구하는 행복 나눔이 실천되고 있었다. 저자는 가는 곳마다 자기가 새 악기를 배워가면서 현장 악단을 만들고, 가르치고, 연주를 하면서 Teamwork을 만들어 갔다. 말과 문화가 다른 구성원들과 다국적 음악단을 통한 정서 공유와 소통은 좋은 Safety와 Health Record로 이어졌다.
몇 달 전에 김 소장이 이메일을 보내왔다. 꿈에 내가 나타나서 이 책을 쓰라고 했으니 추천사를 써 달란다. 어찌 "No"를 하랴. 한편으로는 내가

빤쵸의
플랜트 이야기

부탁한 얘기를 기억하고 후배들을 위해 책을 낸다는 사실에 감사하기도 했다.

이 책이 출간되는 지금, 그는 아직 칠레에 있고, 나는 작년 말 'SK' 건설을 떠나 Group에서 사회공헌을 담당하고 있다. 은퇴 후 Probono로 전문지식을 전달하는 분들도 고맙지만, 현직에 있으면서 책을 통해 후배들에게 지식을 전수하는 Probono도 귀한 분들이다. 저자가 남길 HSE 지식 공유가 우리나라 해외 건설산업에 조금이라도 보탬이 된다면 그것도 김소장의 좋은 사회공헌이라는 생각이 든다. 바쁜 시간을 쪼개어 후배들에게 책을 통한 지식전달을 하면서 사회공헌을 준비하고 있는 빤쵸 소장이 고맙다.

사막에서 구조물들이 쑥쑥 올라가면서 초대형 정유공장들이 장엄한 모습을 드러내던 현장을 빤쵸와 함께 거닐던 시간들이 생각난다. 앞으로는 그런 시간이 없을 것이라 생각하니 불현듯 그가 보고 싶어진다.

앞으로 그가 보고 싶으면 앨범 사진을 보듯 이 책을 꺼내서 읽을 것이다. 그리고 함께 했던 옛날을 생각할 것이다. 한 여름처럼 무더웠던 아부다비의 현장에서 국제 혼성악단이 연주해 주었던 루돌프 사슴코 멜로디가 다시 들려온다.

전, SK건설 대표이사 사장
현, SK SUPEX 위원회 위원장
최광철

추천의 글

지인으로부터 전화가 왔다.

"저기 OOO가 책을 발간하려 하는데 추천사를 써 줄 수 있나요?"

"어휴! 제가 감히 무슨 추천사를?" "해외현장을 경험하며 느꼈던 건설현장에서의 안전관리에 대하여 썼답니다."

건설회사에서 QHSE직무를 수행하고 지금은 대학에서 학생들에게 안전공학을 가르치며 사회교육기관에서 건설인을 대상으로 건설안전을 강의하는 본인으로써는 "세상을 이롭게 하는 건설 안전관리"라면 흔쾌히 "알겠습니다"라고 할 수 밖에 없었다. 그 후 "빤초의 플랜트 이야기"라는 제목의 정리된 원고를 이메일로 받아 읽는 순간,

아하! 97세 철학자 김형석 교수님의 인생론에 나오는 인생의 황금기는 60~75세라더니, 이 책의 저자가 인생의 황금기를 시작하자마자 제대로 대형 사고를 치는구나 하는 생각이 들면서, 한편으로는 건설회사 33년 경력 중 특히 현재까지 멕시코/쿠웨이트/UAE/캐나다/칠레 등 해외 Plant건설현장에서 연속 24년을 근무하는 바쁜 일정 속에서도 건설안전에 관련한 내용을 꼼꼼하게 정리하였다는 것과 소제목에 들어 있는 '휴머니티'라는 단어에 놀라웠다.

건설회사에 근무하고 있는 또는 근무할 후배들을 위하여 대한민국 헌법 제 10조에 나와 있는 "인간으로서의 존엄과 가치를 가지며 행복을 추구할 권리를 갖는다"를 바탕으로 안전경영을 건설현장 Management 기본원칙으로 제시하면서 저자가 에필로그에서 속마음을 밝혔듯이 인생의 선배로서 근로자 및 관리자들에게 조언을 해주고 '한 목숨이라도 구한다'라는 마음으로 저술하였으니 대단하다고 할 수 밖에 없는 것 아닌가.

해외 Plant 건설현장 경험을 바탕으로 인간에 대한 존중과 사랑을 기반으로 하는 Part 1, 2, 3의 Health/Safety/Environment에 관한 기록들은

빤흔이 플랜트 이야기

전 세계 어디에서도 적용할 수 있는 다양하고 특색있는 많은 안전활동 실전기법을 예시적으로 보여 주고 있으며, 특히 재해통계자료(캐나다)와 각국에서의 특별한 재해 사례공유를 통한 교훈은 향후 재해예방에 큰 도움이 되리라 생각됩니다.

아울러, Part 2. 〈당부의 글〉에서 건설현장 Leader는 결코 업무와 의사결정을 대충하는 일이 없으며, 어떻게 해야 훌륭한 Role Model이 되는지를 보여 주고 있으니 마지막 Page까지 숙독하게 됩니다.

이 책은 저자의 목적에 부합하여, 건설현장에서 근무하거나 또는 근무하려는 모든 구성원(소장/시공/품질/안전/공무/관리 등 모든 직무 수행자)들에게 도움이 될 것이고, 해외에서의 생생하고 현실감 있는 스토리가 장점인 이 책을 읽으면 해외 근무경험이 없는 경우에도 전 세계 어느 국가에서도 일할 수 있겠다는 자신감과 방법이 떠오르게 될 것입니다.

끝으로, 다른 사람이 남기지 않은 기록을 정리하여 건설인 후배들에게 Human을 바탕으로 하는 Management기법을 전수하는 저자에게 존경을 표하며 같은 건설인으로서 고맙다는 말씀을 드립니다.

감사합니다.

전 SK건설 품질안전본부장
현 유한대학교 산업경영과 외래교수(안전)
현 건설기술교육원 건설안전 전문 강사
김정철

추천의 글

건설현장에서 건강과 안전 그리고 환경은 (HSE - Health, Safety, Environment) 더할 수 없이 중요한데 저자가 그동안 33여년 이상의 여러 국내외 현장의 경험을 바탕으로 진솔하게 엮어낸 책이라 많은 공감이 갑니다.

특히 해외 현장에서 근무를 하시는 분들이나 새로이 현장에 나가시는 분들이 한번 읽어 보고 나가시게 되면 많은 도움이 되리라 생각을 합니다. 이 책을 통하여 다시 한 번 건설현장의 건강과 안전 그리고 환경을 돌아보게 되는 계기가 되었으면 합니다.

SK건설 부사장
주양규

저자는 한국 이름보다는 '빤초김'으로 더 많이 알려지고, 더 많이 부름을 받는다.

역시 생각한대로 글 속에 33년 노가다 인생이 물씬 스며 나왔다. 전문작가가 아니다 보니 전반적인 문장 구성이 투박하고, 단어 선택에 있어 기교나 세련미는 없지만, 수많은 건설 노동자와 함께 생활하며 인종과 국적을 뛰어넘어 그가 이루고자 했던 인간에 대한 폭 넓은 휴머니즘이 행간마다 깊이 스며있다.

본 책의 전반적 테마는 플랜트 건설현장의 Health, Safety, Environment 이다. 하지만 책 속에서 그도 말하고 있듯이 그가 경험한 수많은 현장에서 발생한 각종 사고, 사건을 통해 그의 삶에서 지극히 최고의 가치로 여기는 인간에 대한 존중과 사랑과 박애의 스토리를 전달하고자 하는 뜨거운 가슴으로 쓴 휴머니즘서라 여겨진다.

SK건설 플랜트 Estimating 실장
김광석

빤돌이
플랜트 이야기

 추천의 글

내가 아는 필자는 글로벌 플랜트건설 시장에서 한국을 대표하는 현장소장 중에서도 가장 대표적인 사람이라고 할 수 있습니다.

필자가 건네준 원고를 일독하면서 느낀 소감은, 평소 대화 시에 말하는 투의 진솔함이 그대로 표현되어 있다는 것입니다.

자신의 경험에 입각하여 후배들에게 남겨 주고 싶은 소신과 애정이 녹아 있다는 것을 알 수 있었고, 마치 막걸리 한 사발을 받아 들이키는 듯한 느낌을 받았습니다. 뭔가 투박함 속에 담겨있는 은은한 맛과 향을 느끼는 것이랄까요...

요즘 건설회사에 자원하여 입사를 선택한 젊은 엔지니어들마저도 현장을 기피하고 가급적 본사에서 근무하고자 애쓰는 모습과 비교해 볼 때, 인생의 절반을 공사현장에서 보내면서도 Professional Life뿐만 아니라 Personal Life에서도 성공적인 삶을 살아온 김 상무께 존경과 경의를 표하게 됩니다. 오늘날 치열한 글로벌 플랜트 건설시장에서 우뚝 선 자랑스러운 대한민국의 모습이 이런 분들의 땀과 정성이 모여 이루어진 것이 분명할 것입니다.

우리가 근무하는 건설현장에서 일하는 어떤 사람도 다치지 않고 안전하게 근무하고 가족이 기다리는 집으로 돌아갈 수 있게 하겠다는 현장 경영자의 애정과 철학이 담긴 이 책을 공사현장에 근무하는 모든 관리자들이 꼭 읽어 볼 것을 권유하는 바입니다.

SK건설 E&C부문장
권숙형

공감과 추천의 글

노련한 수사관들이 말하길, 현장에 증거가 있다고 합니다. 수십 년간 세계 곳곳의 건설현장을 누비면서 현장에서 체득한 저자의 생생한 경험이 활자로 탈고되어 이제 책으로 발간된 것을 진심으로 축하드립니다.

이 책은 안전과 작업환경이라는 결과를 도출하기 위하여 구체적으로 무엇을 어떻게 해야 할 것인가를 저자의 경험을 바탕으로 제시해주고 있습니다. 일례로, "현장근로자들을 가족처럼 대하고 있는가"에 대한 부분에서는 엄숙함마저 느끼게 합니다.

또한 이 책은 "플랜트"라는 형이하학적 결과(physical result)를 도출하기 위하여 이것을 구현하는 "인간본위"의 운영이라는 형이상학적 동력(metaphysical driving force)을 핵심주제로 삼고 있습니다. 무형의 상태로부터 유형의 프로젝트를 만들어가는 과정 중 제일 중요한 요소가 바로 "인간"이라는 명제아래, 저자가 강조하는 인간본위의 플랜트 건설 및 운영에 절대적인 동의를 표합니다.

책의 저자는 인간본위의 철학적 가치를 누구나 알기 쉬운 용어를 채택하여 실제 직접 경험과 간접경험을 토대로 마치 커피를 마시면서 담소하는 분위기 속에서 자칫 까다로울 수 있고 무거워 보일 수 있는 HSE 이슈들을 지적하며 그 해결법을 제시합니다.

프로젝트 현장에서 일하는 사람들만이 아니라 관리자부터 정책입안자에 이르기까지 이 책 곳곳에서 제시하는 인간본위의 운영가이드에 공감해 보기를 권합니다.

글로벌 프로젝트 로지스틱스㈜ 대표이사
김인수

빤쵸의 플랜트 이야기

 추천의 글

건설업에 종사하고 계시던 저의 선/후배 동료 분들의 자서전들에서는 주로 현장 관리기법, Project 관리기법, 현장 공법개선, 해외 현장에서 있었던 에피소드 등의 소개가 거의 대부분이었다.

허나, 여느 자서전과는 다르게 저자인 Pancho 상무의 글에는 현장 근로자를 사랑하는 인간 냄새가 물씬 풍겨 나오고 있다. 건설현장에서 일하고 있는 관리자들에게 보내는 강한 인간애로 안전을 지켜 나가기를 호소하고 있고. 특히 현장 근로자와 가장 가까이 근무하고 계신 직원들에게 현장 안전을 지키기 위한 방법들을 조목조목 서술 형식으로 제시하고 있어 이를 토대로 현장 안전관리에 직접 적용하여 현장 근로자들의 생명을 지켜 주는 지침서로 사용하여 사고 없는 현장을 만들어 주시리라 믿어 의심치 않습니다.

삼성 엔지니어링
이 순용

건설현장에서의 안전은 이제 강압적인 규정에 의해 관리되는 시대를 떠나서, 근로자 스스로가 본인의 안전을 챙기도록 관리하는 시대로 접어들고 있습니다. "감성안전"이라는 근래의 화두를 이미 오래전부터 실천해 오신 김소장님 본인의 철학이 잘 담겨있는 책입니다. 책을 읽는 동안 EHS 각각의 의미를 다시 한 번 되새기게 되는 의미있는 시간이었습니다. 우리 모두 직원들과 근로자 모두를 안전하게 집으로 귀가시키는 것이야 말로 타협 불가능한 Core Value라는 것을 다짐해 봅니다.

PIEM PM 부장
이정민

 추천의 글

  빤초 같은 사람은 다시없다. 느닷없이 현장 전 식구들에게 우쿨렐레를 하나씩 사주더니 아부다비 사막에 기타 줄 튕기는 소리 낭랑하다. 색소폰을 배워 보겠다고 입술이 터져라 불어 재끼니 숨 넘어가는 쌕사리 소리에 숙소 친구들 감동에 잠 못 이룬다.
  빤초는 이제 한평생 모아 놓은 노트를 정리하여 안전에 대한 책을 펴내었다. 함께 한 현장이 많이 있던 터라 적혀있는 모든 이야기가 생소한 것이 아니어서 단숨에 뒷장까지 읽어 재꼈다. 이것은 모두 실화다. 이 책을 두고 둘러앉아 하나하나 에피소드를 이야기하다 보면 날 새는 줄 모를 일이다. 이제 현장 생활을 새로 시작하는 분들은 비록 가슴으로 받아지지 않더라도 여기에 적혀있는 이야기를 자신이 겪는 매일과 비교하며 살다 보면 또 다른 값진 인생 이야기를 쓰게 될 것이다.

SK건설
이철규

  "산증인" 사전을 뒤져보았다. "살아 있는 증인이라는 뜻으로, 어떤 일을 오랫동안 겪거나 지켜보아 잘 알고 있는 사람을 이르는 말"
  저자인 김인식 소장은 대한민국 플랜트 건설분야 발전을 처음부터 지금까지 몸소 이끌어 온 "산증인" 중 한 사람일 거다. 수많은 현장 경험으로 체득한 많은 지식을 마다하고, 건설현장의 안전은 그 무엇과도 바꿀 수 없으며 반드시 지켜져야 하는 최고의 가치임을 전달해주고자 하는 필자의 진실함과 "현장에서 일어나는 인간에 대한 존중과 사랑을 담은 스토리"를 들려주고 있기 때문일 거라 생각한다.

SK건설 배관E&C실장
윤광남

빤초의
플랜트 이야기

 추천의 글

    내가 아는 저자는 진정한 이 시대의 Humanist이다. 저자와 적지 않은 직장 생활을 같이하면서 배운 리더십의 핵심은 "사람"이었음을 알고 있다. 저자가 플랜트 현장에서 사람(Humanity)을 얼마나 중요하게 생각하고 있음을 알 수 있는 대목이다. 개인적으로 나는 저자가 내놓는 이 책이 그분의 인생의 마침표를 찍는 것이 아니라고 생각한다. 저자가 펴낸 [빤초의 플랜트 이야기] 보따리는 이제 겨우 그 입구를 열어 놓은 것에 불과하다.

캐나다 FHSE 현장 소장
노인환

    오랜 경력과 지식에서 우러나오는 여러 사례와 조언은 초심자에서부터 유경험자들에게까지 모두 유익한 내용이라 생각됩니다.
    비단 플랜트 공사 업종뿐만 아니라 사회 전반적인 안전의식에 대해서도 다시 생각해 보는 계기가 되었습니다. 어디에서도/누구에게서도 체계적으로 배울 수 없는 내용과 자칫 흘려보내기 쉬운 사항들을 진솔하게 정리해 준 이야기입니다.

CSA SI 부장
이재현

    이제는 안전이 회사의 경쟁력을 좌우하는 Core Value로 자리 잡아가고 있으며, 근로자를 존중하고 배려하는 문화가 선택이 아닌 필수로 전환된 이 시대적 흐름에 필독서라고 생각합니다. 이 책은 평생을 전 세계의 다양한 Project의 문화와 역경을 온몸으로 헤쳐 나온 필자의 고민과 진솔한 이야기가 녹아들어 있으며, 저를 비롯한 많은 후배들의 안전에 대한 생각의 Frame을 전환할 수 있는 좋은 계기가 될 것으로 확신합니다.

PIEM HSEM 부장
배웅렬

 공감의 글

　김인식은 초등학교까지만 같이 다닌 고향(소안도) 친구지만 그 이후로도 오랜 친구로 지내면서 서로를 지켜보고 지켜주는 마음의 등불 같은 친구입니다. 왜냐하면 내가 시인이 된 것은 김인식이라는 친구가 있었기에, 또한 10대 20대 때에 내가 보낸 많은 편지의 수신인이었던 김인식이 있었기 때문에 가능한 일이었습니다.

　그 어린 시절부터 주변 사람들에게 가졌던 따뜻함과 음악을 사랑하는 아름다움과 자신을 잘 관리해 가는 지혜로움과 행복한 삶에 대한 확실한 철학과 가정과 직장 동료들에 대한 사랑과 헌신과 건설기술자로서 그리고 관리자로서 자신의 직업에 최선을 다하면서 자신의 일에 대한 열정과 꼼꼼함이 묻어나는 글을 읽으면서 감사하고 고맙고 부러웠습니다.

　늘 그래 왔던 것처럼 나머지 삶도 건강하고 행복하게 노년을 잘 꾸려갈 것임을 믿고, 현장에 종사하시는 많은 분들과 주변 사람들이 이 글을 읽고 공감하고 실천하셔서 내 친구가 원하는 뜻이 꼭 이루어지길 바랍니다.

전) KB국민은행 34년 근무
현) 시인
현) 한국행복생애설계연구소 소장
현) KB금융공익재단 경제금융교육 강사
금융감독원 인증 금융교육 강사
김정우

　기계공학도, 원자력발전소 건설현장에서 4년간 품질을 담당하고, 회사를 옮겨 설계회사인 P 엔지니어링에서 5년간 설계감리 업무를 하고, 지금은 S건설에 24년째 해외에서 Plant* 건설현장에 근무 중이다.

　1994년 태국 석유화학 플랜트 건설현장에서 2년을 보내고, 멕시코에서 10년 동안 정유공장 및 질소공장, 쿠웨이트에서 원유집하시설 공장건설 3년, 아부다비 정유공장 4년, 캐나다 오일샌드 공장건설 2년을 거쳐 현재 남미에서 가장 긴 나라 칠레의 북부 태평양 연안에 석탄화력발전소 건설에 종사하고 있다.

　돌이켜보니 많은 세월이 지났고, 본인 또한 여러 나라에서 나름 다양한 경험을 하고 공사현장에서 보고 느껴온 안전에 대한 이야기들을 공유하고 싶어서 기억을 더듬고 다이어리에 적어둔 메모를 검토하여 내 생각과 지식을 사실 위주로 적었다. 안전에 대한 교육 지침서라기보다는 현장 경험을 바탕으로 플랜트 현장에서 발생한 인간에 대한 존중과 사랑을 스토리로 적은 것뿐이다.

빤호의
플랜트 이야기

　모두가 필자와 현장의 이야기이기 때문에 참고할 문헌도 별로 없다. 다만 안전의 기본이 되는 규칙은 각 현장에서 사용하는 평범하지만 대표적인 것들이기에 중요하다고 생각하는 기본적인 몇 개는 옮겨 적었다.

　건강과 보건은 간단하게 기술하였고 안전이야기에 중점을 두면서 필자의 진술한 이야기와 현장에서 근무하는 동안 구성원들과 실시간 소통했던 내용도 포함했다. 건설현장의 인적 구성을 살펴보면 사고에 가장 많이 노출된 현장 근로자, 그리고 근로자를 직접 지시하는 협력사 직원들, 그다음은 협력사 직원들을 관리·감독하는 플랜트 EPC** 건설회사 대기업 시공 직원들인데, 그들에게 하고 싶은 말 위주로 나누었다.

　인간의 생명만큼 존엄한 것이 어디 있을까?

　위험 요소가 산재한 Plant 건설현장에서 어떻게 살아야 하는 지를 얘기하는 것은 사치가 아닐까? 당장 어떻게 사고 없이, 다친 사람도 없이 하루하루를 보낼까 하는 것이 더 중요하다.

　안전에 대한 우리들의 생각이 많이 바뀌었다. 선진국일수록 안전에 대한 의식이 후진국이나 개발도상국에 비해 높고 안전을 위한 투자를 많이 한다는 것을 깨달았다.

　사고 없는 세상에서 모두가 행복하기를 바라는 마음이다.

　플랜트 규모는 해가 지날수록 대형화되고 있다.

　수요의 증가와 산업의 발달로 공장의 일일 처리능력과 생산량이 커지고 기술도 발전되어 공장의 효율성도 높아가는 대신 공장건설을 위해 일일 동원된 근로자의 숫자와 건설장비들도 비례하여 늘어나고 따라서 위험요소도 더 많아지고 사고확률도 더 높아지는 것이 현실이다. 플랜트 건설은 지구상에 인류가 존재하는 한 끊임없이 지속될 것이다. 필자의 이야기를 통해 한 사람의 목숨이라도 더 구하고 다친 사람이 없는 공사현장이 되기 바라는 일념뿐이다.

  필자가 중동에서 현장소장을 하는 동안 불의의 사고로 하늘나라로 먼저 간 두 인도인과 그들의 유가족에게 미안한 마음은 죽기 전까지 간직할 것이다. 현직에서 은퇴하게 되면 반드시 유가족을 찾아가서 지켜주지 못한 미안함을 전하고자 한다. 안전! 아무리 강조해도 지나치지 않다.

> *Plant : 전력 석유 가스 담수 등 제품을 생산할 수 있는 설비를 공급하거나 공장을 지어주는 산업.*
>
> **EPC : 설계(Engineering), 조달(Procurement), 시공(Construction)을 의미하는 영어의 첫 글자를 모아서 EPC라고 하는데 플랜트 일괄수주라고 하는 턴키(Turn-Key)와 같다고 보면 된다.*

PART 01   Health(보건)

1. 금연 이야기 ··· 25
2. 건설기술자의 건강 지혜 ······························ 28
3. 보건, 안전, 환경(HSE) ································ 32
4. 건강과 행복관계 ··· 34
5. 개인 지병으로 인한 돌연사 ························ 37

빤돌이 플랜트 이야기

PART 02 Safety(안전)

■ 근로자들에게 하고 싶은 말 / 39

1. 한번쯤 깊이 생각해 보세요 ·················· 39
2. 책임을 가지는 것은 아름답다 ·············· 41
3. 안전은 남들이 해주는 것이 아니다 ······ 43
4. 동료 간에 서로를 위험으로부터 지켜주어라 ········ 44
5. 서두르다가 사고 난다 ·························· 45
6. 여러분의 목소리를 높여라 ···················· 47
7. 아침에 몸의 상태가 안 좋으면 높은 장소 작업은 하지 마라 ························ 48
8. 모든 위험요소를 제거해라 ···················· 49
9. 공도구 상자 모임과 아침 체조 ············ 50

■ 협력사 관리자들에게 / 51

1. 근로자들을 진정 여러분의 동생 또는 형처럼 대하고 있는가? ························ 51
2. 안전은 입으로만 한 것이 아니다 ········ 52
3. 여러분이 근로자라면 어떻게 할 것인가? ···· 53
4. 근로자들이 몰라서 못한 것도 많다 ···· 54
5. 정리 정돈은 안전사고 예방의 시작이다 ········ 56
6. 많은 사고를 서로 공유하는 것, 부끄럽지 않다 ········· 58
7. 근로자에게 관심을 보여라 ···················· 59
8. 불안전한 요소 발견 시 즉시 작업을 중단하라 ········ 60
9. 땅바닥 보다는 올라가서 직접 확인해라 ········ 61
10. 낙하물(Drop object) 사고가 가장 많다 ········· 62

머리말

■ 플랜트 건설회사 관리자들에게 / 64

1. 우리는 그들을 안전하게 가정으로 돌아가게 하는데
   책임이 있다 ·· 64
2. 안전사고 난 가정의 미래를 생각해 보라 ················ 65
3. 품질, 원가, 공기는 타협이 가능하나, 안전은 타협의
   대상이 아니다 ··· 68
4. 미세감정 – 작은 것에 감동한다 ···························· 69
5. 벌보다는 상을 줘야 ·· 70
6. 걸어 다닐 때 주머니에서 손을 빼세요 ··················· 71
7. 현장 관리감독 할 때는 눈을 떠라 ························· 72
8. 원인 모를 화재 사고 ··· 74
9. 안전은 현장에서 이뤄진다 ··································· 75
10. 통계숫자에 연연하지 마라 ································· 76
11. 공정과 안전이 서로 우선 한다고 다툴 때는? ········· 77
12. 상식은 안 통한다, 공부하자 ······························· 78
13. 사각지대를 잘 봐야 한다 ··································· 79
14. 무재해는 원칙과 절차를 지킬 때만 가능하다 ········ 82
15. 언어/신체 폭행 절대 금지 ·································· 83

■ 나누고 싶은 이야기 / 84

1. 왜? 안전, 안전인가 ·· 84
2. 사고예방의 첫 번째는 강력한 리더십이다 ·············· 87
3. 안전은 우선순위(Priority)가 아니고 가치(Value)이다
   ·· 89
4. Safety Moment 생활화 – 항상 준비 ····················· 91
5. 안전에 대한 나의 맹세 ······································· 93
6. 무재해 이야기 ··· 94

빤호의
플랜트 이야기

7. 사고는 100% 사전예방이 가능하다는 확신을 가지는데
   33년 걸렸다 ·· 95
8. 음악 이야기 ··· 96
9. 우쿨렐레 ·· 97
10. 체험한 일상생활에서의 위험 ·· 99

■ 아픈 기억들 / 101

1. 나라에 따라 달라지는 생명의 가치 ······························· 101
2. 한 번의 사고로 일곱 명을 잃다 ····································· 102
3. 화재발생 보고 ·· 104
4. 9월 13일 중대재해 발생 보고, 쿠웨이트 G 현장 ·········· 105
5. 1월 25일 중대재해 발생 보고, 아부다비 R 현장 ·········· 107
6. 60톤 크레인 전도사고 관련하여 ································· 109

■ 당부의 글 / 111

1. 문제 발생 시 보고 요망 ··· 111
2. 슬로우건 24/36 ··· 111
3. 안전관리 책임은 시공담당한테 있다 ···························· 113
4. 특별 House Keeping ·· 116
5. 공동 목표 ·· 117
6. 준공 두 달 반 남기고 한 약속 ····································· 118
7. 사후약방문 하지 말자 ··· 120
8. 2010년 서울팀 송년회식에서 ····································· 122
9. 조금만 더 분발을 ·· 125
10. 아부다비를 떠나면서 ··· 128
11. 캐나다 출장기 ·· 131
12. 진인사 대천명 ·· 134

13. 새해 핵심 단어 ···135
14. SMART-150 선포하면서.. ································136

■ **지식공유 / 138**

1. 하인리히 법칙(Heinrich's Law) ························138
2. 이것만은 기억하자: 생명을 구하는 10가지 황금 규칙
   ··140
3. OSSA 소개 ···141
   OSSA's 7 Life Saving Rules
   OSSA's Supplemental Life Saving Rules
4. OSHA에 대한 소개 ···144
5. 사고종류를 보자(협착, 추락, 전도) ·····················145
6. 재해 통계로 본 플랜트 건설현장 ·······················147

빤촌이
플랜트 이야기

PART 03 **Environment(환경)**

1. 캐나다, 선코의 환경목표와 성과 소개 ·················151
2. 조류보호 ···155
3. 폐기물 처리 및 분류 ··156
4. 토양 오염 ··157

에필로그 ···159

PART 01

Health (보건)

1 금연 이야기

"HSE", 첫 번째 "H"는 "Health"를 의미한다. 우리 인간에게 건강보다 더 중요한 것이 어디에 있을까? 있다면 무엇일까?

모든 사람이 기본적으로 알고 있는 것은 흡연은 건강에 해롭다는 것이다. 금연하기가 어렵고 실패하기 일쑤다. 흡연할 장소는 점점 좁아져 간다. 해마다 건강 검진할 때면 과음하지 마세요, 규칙적인 운동하세요, 금연하세요, 이렇게 세 가지는 기본 메뉴 아니던가.

먼저 필자의 금연 이야기를 공유한다. 물론 첫 번째 금연은 실패를

빤홀이 플랜트 이야기

했지만 결국은 당시 중학교 2학년생인 작은 딸 덕분에 성공했다. 가족들한테 금연을 선포한 후 8년 만에 쿠웨이트 현장에 근무할 때 가족 몰래 흡연하다가 들킨 것이다. 아빠는 8년 동안 우리를 속여 왔다며 이틀 동안 밥도 안 먹고 운다. 나 또한 이틀 동안 작은 딸한테 무릎 꿇고 잘못을 얘기하고 용서를 빌었다. 어린 아이 눈에 속았다는 것만으로 흘리는 눈물이 아닌 아빠를 사랑하는 마음에서 흐르는 눈물이었기에 크게 반성하고 그 이후로 담배를 안 피운다.

다음은 흡연하는 구성원에게 필자가 반 강제로 실시하고 있는 프로그램이다.

금연 하는 조건으로 100불 선금을 주고 금연 서약서를 받는다. 실패하면 1,000불 벌금이다. 그리고 금연 약속을 가까운 주변 사람과 같은 현장의 모든 구성원에게 공지하고 흡연 사실을 신고해 주는 직원에게는 보상금으로 500불을 준다. Win-win인 셈이다. 16년 전 멕시코에서 근무할 때 선임자로부터 배운 것인데 지금은 필자가 적용하여 금연시키는 방법으로 가장 효율적이다. 현재까지 캐나다와 칠레 현장에서 19명이 시도했는데 17명은 성공, 2명은 실패했다. 자진신고를 한 직원에게 500불은 돌려주고 500불은 또 다른 흡연자의 금연프로그램 종자돈으로 썼다. 다른 직원은 몰래 피우는 모습을 사진으로 신고 받아서 보상금을 주고 약속을 못 지킨 흡연자로부터 서약서대로 1,000불을 받았다.

계속 금연 운동에 투자를 하고 있다. 금연에 성공한 직원들은 훗날 분명히 나를 기억할 것이다. 그리고 성공한 그 사람들도 주변에 계속 금연 캠페인을 하지 않을까? 기대한다. 공기 맑은 세상, 쾌적한 근무환경, 모두 건강한 세상을 위하여…

구성원을 금연시키는 가장 좋은 방법이라 강력 추천한다. 돈 때문이 아니라 누구나 생각은 있으나 실천이 안 되기 때문에 동기를 부여하고

자 하는 방법이다. 이런 제안을 받은 흡연자는 독하게 마음먹고 모두 성공하기를 바란다.

가끔씩 금연에 성공한 직원들한테서 편지가 온다. 금연할 수 있는 계기를 주어서 고맙다고… 그럴 때면 더욱 더 많은 직원들에게 금연을 독려할 것이고 스스로 잘한 일이라고 혼자서 생각해 본다.

일부 금연 캠페인에 동의하지 않는 직원은 권력 남용이라고 할 것 같아서 미안한 생각도 든다.

자율에 맡기고 그만할까?

아니다, 시도는 계속하고 강제성을 띠지 않도록 방법을 약간 수정해야겠다.

빤출이 플랜트 이야기

2. 건설기술자의 건강 지혜

아래는 필자가 작성한 것이 아니고 건설인들 사이에 e메일로 흘러 다니는 것인데 2007년도에 누군가가 필자에게 보내온 것인데 소개한다. 직책, 직급, 근무하는 나라와 환경에 따라 약간 다른 부분도 있지만 건설인의 공통점인 측면에서 본다면 대부분 맞다. 이것을 읽고 스스로 건강관리를 잘하기 바라는 마음이다.

건설기술자의 건강 지혜

건설기술자는 근무 강도가 높고 스트레스를 많이 받으며 많은 사람들과 접촉하여야 하고 위험한 작업을 수반하므로 어떤 직업군에 종사하는 사람들보다 굳건한 체력과 건전하고 건강한 사고를 가져야 이 세계에서 성공을 할 수 있습니다.

28년간 건설인으로 살아오면서 음주, 흡연, 과로, 스트레스 등으로 건강에 무리를 주어 아까운 나이에 간암 고혈압 같은 질병으로 어린 자녀와 젊은 부인을 두고 사망하신 필자가 모셨던 현장소장님을 비롯하여 같이 근무하시던 꽤나 많은 분들이 안타까운 마음을 가지고 있습니다.

원인을 알아보고 그 원인을 제거하면 이러한 고급인력 재해는 고리가 끊어지지 않을까? 하고 이 글을 씁니다.

a. 현장생활의 고단함

건설현장에서 자주 쓰이는 말 "비 오는 날은 공치는 날" 그렇지 않다. 기능공들은 비가 오면 옥외 현장에서 거의 일을 할 수 없지만 직원은 그러하지 못하다.

아침 7시 전부터 조기 출근하여 국민체조와 더불어 시작하는 건설현장은 비가 와도 오후 6시 퇴근시간 이후에도 근무가 계속된다.

건설사 직원들에게 권유한다.

"직원전용 휴식장소를 만들어 하루에 한 시간 아니 반시간이라도 자기를 사랑하는 시간, 낮잠 등 휴식을 취하라"라고 말씀을 드리고 싶다. 인생은 마라톤이다. 초반에 전력을 다하여 중반 이후 힘이 빠져 레이스를 못할 필요가 없다 라고...

완주하는 사람만이 승리자이다.

b. 수많은 회식 자리 과도한 흡연과 음주

   동료 간 회식, 현장 단합대회, 안전 고사, 각종 행사(기공식, 상량식, 안전보건 행사 등 의식행사, 협력사 상견례, 감리, 감독자와 상견례.....) 업무 마찰로 인한 협의, 직원 경조사 등 일반 사회인이 겪는 것보다 더 많은 각종 회식자리에 술과 흡연은 기본이다.

   과도한 음주와 흡연, 건설인들이 일반 직업군보다 더 심한 것 같다. 금연 열풍이 불어 웬만한 사무실은 모두 금연하는데 유독 건설현장 사무실은 아직 흡연하는 곳이 많다.

   현장소장이 흡연자라면 버젓이 책상에 앉아 흡연을 한다.

   현장소장님께 권유합니다. 회식을 술자리로 하시지 말고 다른 방향으로 한 번 권유합니다.

   음악회라든가 영화관람 당구대회 같은 것으로 한번 탈바꿈하여 보세요. 저녁 회식보다 점심시간 고급스럽고 맛깔스러운 것으로 단체 식사를 하고 저녁에는 인근 산에 가서 등산도 좋고요.

   한 번 바꾸어 보지 않으실 런지요?

   그리고 무엇보다 현장 사무실은 금연 장소로 지정하시고.......

   비흡연자가 피해를 보지 않게 배려합시다.

빤혼이
플랜트 이야기

c. 과도한 업무스트레스

도면 해독, 물량산출 등 고유의 업무와 더불어 각종 점검이 많습니다. 품질, 환경, 안전, 기성 등의 점검이 수시로 시행되고 그에 따른 제약, 벌점부과 등 참으로 고달프지요.

이 스트레스를 이기지 못하여 중도에 그만 두는 사람과 흡연과 음주로 이겨 나가시는 분, 결국 50세가 넘으면 체력이 고갈됩니다.

억지로라도 금연을 하고 음주는 정말 필요할 때만 한번씩 하고 (특히 동료 직원들이 애로가 있어 다독거려 주어야 할 때는 같이 마실 줄도 알아야 합니다.) 독하게 마음먹고 끊어야 합니다.

휴일은 집에서 잠만 자거나 움직이지 않고 조용히 있는 것보다 푹 자고 집이나 숙소근처 산에 올라 1시간 정도 등산은 보약중의 보약입니다.

심호흡을 하고 야경을 바라보는 것도 아주 좋습니다.

어슴푸레한 달빛이 드는 야간산행 1시간만 하시면 인삼 녹용이 따로 없습니다.

업무스트레스를 날려 버릴 수 있습니다.

d. 긍정적인 사고와 퇴근 후 남는 시간 활용

건설인들은 참으로 걱정이 많습니다. 안전사고에 대한 걱정, 무재해 달성에 대한 걱정, 예산절감에 대한 걱정, 고품질 달성에 대한 걱정, 민원인에게 시달리는 걱정, 본사의 통제에 대한 걱정, 감독 감리자에 대한 불만과 불안, 각종 점검에 대한 걱정 등 참으로 걱정이 많습니다. 그것이 걱정만으로 끝나면 얼마나 좋을까요? 절대 걱정한다고 잘되지는 않습니다. 물론 걱정을 많이 하면 그에 따른 준비도 걱정되지 않을 정도로 많이 할 수도 있겠지요.

걱정을 접어 두고 취미를 하나 만들어 보십시오. 건설인들은 지방 현장에 파견근무가 많은데 퇴근 후 남는 시간을 활용을 하지 않습니다. 악기나 창, 가요, 독서, 서예, 동서양화 등 그림 그리기, 밤낚시 등 푹 빠질 수 있는 취미를 하나만 만들어 봅시다.

아니면 지역 대학, 대학원에 등록하셔서 전공 공부를 한 번 도전하여 학사, 석사, 박사 학위를 취득하는 것도 좋을 것입니다.

지역 대학원 교수님과 동창 대학원생은 평생의 전문가로서 동반자가 될 것입니다.

e. 가족의 사랑

가족은 무엇과도 바꿀 수 없는 고귀한 존재입니다.

특히 떨어져 있는 부인을 위해 많은 배려를 하셔야 합니다.

건설인들의 부인한테는 다른 직업군의 부인들보다 더 많은 배려를 하셔야 합니다. 가족과의 사랑은 너무나도 고귀한 것입니다.

f. 직업에 대한 긍지

직업에 대한 긍지만큼 자존을 높이고 자신을 사랑하게 되는 것은 없습니다. 건강에 대한 바로미터이지요.

우리가 없으면 누가 집을 설계하고 공장을 건설하고 관리하겠습니까?

삶을 담는 그릇을 만드는 도공 중에 도공입니다.

우리가 아니면 삶을 담는 그릇을 만드는 사람은 없습니다.

우리만이 할 수 있습니다. 건강 합시다! 건설인 여러분!

빤돌이
플랜트 이야기

③ 보건, 안전, 환경(HSE)

건설현장에서 전문용어인 "HSE" 중에서 "Health", 보건이 첫 번째이다. "S"는 "Safety" 안전, "E"는 "Environment" 환경의 Initial로 흔히 "HSE"라고 하는데 필자가 경험한 캐나다에서만큼은 "EHS"로 영어 Initial을 순서를 바꿔 사용한다.

여러분은 본인의 건강을 위해 어떠한 투자와 노력을 하나요? 건강은 건강할 때에만 지킬 수 있다는 진리를 나누고 싶다. 금연은 기본이고 식사조절 및 식이요법과 규칙적인 운동을 하는 것이 건강을 유지하는 첫 번째라고 하며 우리는 이것을 실천을 해야 한다. 돈이 많다고 건강한 것은 아니다. 나이가 들수록 서로가 건강을 걱정해주는 것이 첫 번째 인사말이고 최고의 미덕이 되고 있는 세상인데 당장 실천해 보자.

세상이 아름다운 이유는 내가 살아있기 때문이라고 하며,

내가 존재하지 않는 아름다움은 있을 수가 없다고 한다.

내가 살아있는 이유 하나만으로 세상은 아름답다고 말하는데 첫째 조건이 고운 마음가짐과 건강한 육체가 아닌가?

아래는 Apple사의 CEO였던 고 스티브 잡스가 병상에서 남긴 마지막 유언의 일부분을 발췌해서 공유하고자 한다. 그 어떠한 미사여구보다도 쉽게 느끼고 가슴 깊은 곳에 와 닿는 글이라서 소개하니 최소 세 번 읽어보기를 권장한다.

".... 어떤 것이 세상에서 가장 힘든 것일까? 그건 병석이다. 우리는 운전수를 고용하여 우리 차를 운전하게 할 수도 있고 직원을 고용하여 우리 위해 돈을 벌게 할 수도 있지만 고용을 하더라도 다른 사람에게 병을 대신 앓도록 시킬 수는 없다.

물질은 잃어버리더라도 되찾을 수 있지만 절대 되찾을 수 없는 것

PART 01 Health(보건)

이 하나 있으니 바로 삶이다.
누구라도 수술실에 들어갈 즈음이면 진작 읽지 못해 후회하는 책 한 권이 있는데 이름하여 건강한 삶 지침서이다…."

다음은 영문으로 된 것을 펴옴

"What is the most expensive bed in the world?
Sick bed…

You can employ someone to drive the car for you, make money for you but you cannot have someone to bear the sickness for you.

Material things lost can be found. But there is one thing that can never be found when it is lost - Life.

When a person goes into the operating room, he will realize that there is one book that he has yet to finish reading - Book of Healthy Life"

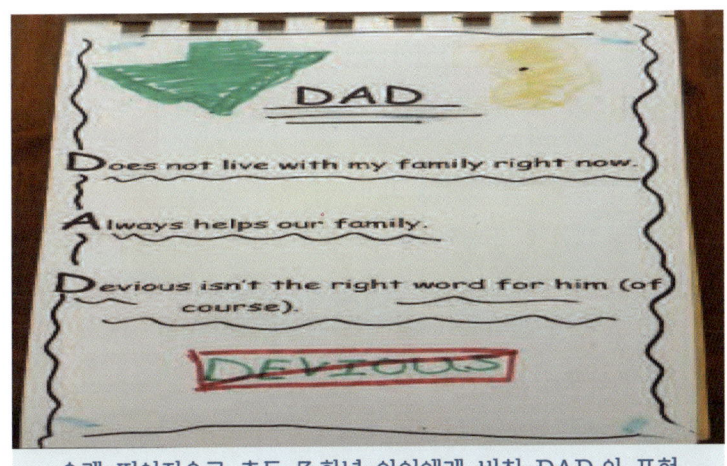

오랜 떨어짐으로 초등 3학년 아이에게 비친 DAD의 표현

33

빤호이
플랜트 이야기

4 건강과 행복관계

인간이 가지는 행복의 원천은 다양하다고 생각한다.

필자는 2010년도에 경남 함양에 동사섭이라는 행복마을에서 일주일 동안 합숙하며 행복에 대해서 배우고 나름대로 정의를 내릴 수 있었다. 물론 행복이란 무엇인가에 대해 전문가들이 많은 연구를 하고 발표도 하고 책도 쓴다. 각자의 생각이 약간씩 다르다는 것은 알지만, 내가 배운 행복의 정의는 내가 가지는 "즐거운 느낌"이다. 그렇다면 즐거운 느낌이란 무엇일까?

각자의 사람마다 기준이 조금씩은 다를 것이다.

돈을 많이 벌었을 때?

승진했을 때?

고급 식당에서 맛있는 음식을 먹을 때?

복권에 당첨될 때?

아이들이 말 잘 듣고 공부 잘할 때?

오랜 기다림 끝에 소원하는 것이 이뤄졌을 때? 이런 것들은 잠시의 즐거움은 줄 수 있겠으나 영원히 즐겁고 행복한 것은 아닐 것이다.

각자 개인의 행복을 찾기 위해 노력해야 한다. 저절로 이뤄진 행복은 없다고 본다. 물질적 즐거움, 가정의 즐거움도 가벼이 여길 수는 없지만 나 자신의 즐거움을 갖고자 취미생활 하나 정도는 갖고 사는 게 어떨까. 특히나 해외 현장에 근무하는 건설인에게는 꼭 당부하고 싶다.

그것이 음악이든 미술이든 운동이든 본인이 좋은 것을 선택하기 바란다. 나 자신을 위해 투자하고 한번쯤 도전해 보는 것이 행복해질 수 있는 지름길이 아닐까 생각한다. 노력하는 과정에서도 행복을 느낄 수 있기 때문이다. 성취했을 때의 행복보다 하나씩 조금씩 이루어가는 과정 그 자체도 행복이 아닐까 생각한다.

PART 미 Health(보건)

필자의 경우는 음악을 좋아한다. 음악을 듣고 때로는 연주도 하며 나만의 음색을 찾아가면서 기분 좋은 나를 발견한다. 그래서인지 날마다 행복하다.

최근 지인들이 보내준 카카오톡, 페이스북, 이메일에는 좋은 글이 넘쳐난다. 건강에 유익한 정보도 상호간에 교환, 전달하면서 홍수를 이룬다. 요즈음에는 의사가 따로 없이 모든 Media가 의사 선생님이라는 생각마저 든다.

대부분 고개를 끄덕이는 의학기초이며 건강에 필요한 상식들인데 우리는 얼마나 실천할까. 자신의 건강유지를 위해 무엇을 투자하는지 반성해야 하고 즉시 하나라도 실행하자. 실천하지 않으면 안 보고 모르는 것보다 못하며, 자기 건강을 돌보지 않는 직무 유기 아닌가?

더불어 모두가 행복한 세상을 만들어가야 한다. 행복은 남들과 비교하는 순간 깨어지고 불행이 시작된다고 배웠다. 그렇다. 절대 비교하지 말자. 아니 비교를 할 필요가 없지 않은가. 인생의 목적은 행복이고 행복을 만들어가는 주인공은 여러분이기 때문이다.

행복의 첫 번째 필수 조건이 존재인데 존재의 조건은 건강 아닌가?

자기 나라에서 살면서 자신이 얼마나 행복한가를 스스로 측정하는 지수인 행복지수를 인터넷에서 나라별 확인했는데 1위 덴마크, 2위 스위스, 3위 아이슬란드, 우리나라 58위, 일본 53위, 예상 외로 이탈리아가 50위, 미국은 13위다. 현재 내가 근무하는 칠레는 24위다. 남미에서 가장 가난하며 마약이 많다고 하는 나라 콜롬비아가 31위, 이것을 보면 부자 나라라고 해서 선진국이라고 해서 반드시 행복지수가 높은 것은 아니라는 걸 알았다. 참고로 국가별 행복지수는 해마다 약간씩 바뀌고 조사기관에 따라 조금씩 달라진다.

아시아 서남부 히말라야 산맥 동부에 있는 부탄 왕국은 75만명 인구

빤훈이 플랜트 이야기

의 작은 나라다. 유엔조사의 행복지수는 세계에서 84위이지만 91% 이상 국민들이 행복하다고 느낀다. 국왕이 국민을 위한 정치를 하며 다른 나라와 비교하지 않는 것이 대다수 국민이 행복을 느끼는 것이 아닐까? 좋은 옷, 명품 액세서리, 좋은 차, 비싼 집, 맛있는 음식 등 물질의 소유가 행복의 필수조건은 아니라고 생각한다. 본인도 동의한다.

또 하나의 진정한 행복은 나눔이 아닐까 생각해 본다. 내게 남는 것을 나눠주는 것 보다는 내가 가진 것이 부족해도 나누는 것이야 말로 진정한 나눔의 행복이라고 생각한다.

언제부턴가 받는 것보다는 주는 기쁨이 더 크다는 것을 본인도 깨달았다. 좋다고 느낀 것, 맞다고 인정하면 즉시 실천하기 바란다.

"The secret of happiness is not doing what one likes, but is liking what one has to do." (행복의 비밀은 좋아하는 것을 하는 것이 아니라 하는 것을 좋아하는 것이다.)

또 다른 행복의 정의를 인터넷에서 찾아서 옮겨본다.
"일반적으로 느낄 수 있는 기분 좋은 상태(Comfortable),
어떤 것을 성취할 때의 순간(Accomplishment),
원대한 뜻, 소명의식(Calling)을 두고 그 목표를 향하여 나아가는 과정에서 느끼는 감정"이라고 한다.

PART 01 Health(보건)

5 개인 지병으로 인한 돌연사

　3월 27일 아침, 쿠웨이트 근무당시 현장 작업자 숙소에서 발생한 사망사고를 보면서, 우리 구성원 누구에게나 예고 없이 닥쳐올 수 있는 사고이기에 스스로의 건강관리를 잘하자고 당부 드리는 의미에서 공유한다. 물론, 우리가 살아가는 주위에 지인으로부터 적지 않은 부고를 접하지만 아래의 사망사고가 남의 일처럼 느껴지지 않는 이유는 평소 건강관리 및 주기적인 검진을 통해 사전에 지병을 발견하고 치료하자는 의미에서다.

- 나이: 32세
- 국적: 방글라데시
- 소속: K (전기 & 계장)
- 직종: 전선 포설공
- 현장 투입일: 2012년 3월 5일
- 내용: 한 방에 동료 4명이 밤 11시까지 얘기하다 취침, 동료가 아침에 깨우니 사망했음을 확인
- 조치: 현재 경찰 조사가 진행 중으로 절차에 따라 시신 인도처리 예정
- 사인: 심장병 등 개인 지병으로 예측하나, 정확한 사망원인은 경찰 조사에 의해 추후 보고 예정임

　작업을 하다가 난 현장 안전사고는 아니지만 우리현장에 일 하러왔다가 졸지에 목숨을 잃었으니 참으로 슬픈 현실이다.
　먼저 저 세상으로 떠난 사람은 말이 없다.

빤호이
플랜트 이야기

남아있는 우리는 이와 같이 불행한 돌연사는 피해야 하지 않을까. 나중에 알게 되었지만 심장마비라고 한다.

4년 전 고교동창 친한 친구 한 명도 이렇게 잠자다가 떠났다. 아침에 일어나니 육신은 멈추고 영혼은 하늘로 떠난 것이다.

평소에 스스로 건강관리를 실천해야 할 일이다.

PART 02

Safety (안전)

근로자들에게 하고 싶은 말

1 한번쯤 깊이 생각해 보세요

　여러분이 다치거나 사고 나면 당신뿐 아니라 여러분 가족의 행복은 끝이고, 그 순간부터 슬픔이 시작이다.
　전혀 예상하지 못한 불의의 사고로 아픔과 고통 속에서 미소를 잃고 살아가는 주변 사람들을 보자. 최고의 즐거움과 행복한 시간을 보내야 하는 권리를 가져야 하는데 사고 때문에 못하고 있다. 신체의 부자유로

빤흐의
플랜트 이야기

인한 행동의 제한, 그로 인한 경제적인 어려움, 정신적 고통 등이 끝까지 괴롭힌다. 여러분은 가정의 주인공이다.

 그냥 하루를 의미없이 보내지 말고 한번쯤은 산다는 것에 대해 생각하기 바란다. 더불어 여러분은 스스로 가장 귀한 사람이란 걸 알아야 한다. 내가 하는 일이 얼마나 중요한 일인지 긍지를 가져야 하고, 내가 지키는 안전이 나와 내 주위에 얼마나 많은 영향을 주는지 깊은 생각을 한번쯤 하기 바란다. 여러분의 자신을 사고로부터 지켜내는 것이 최우선 아니던가?

Animita : 칠레 고속도로주변에서 교통사고로 사망한 사람을 기리는 일종의 빈소

2 책임을 가지는 것은 아름답다

우리의 목숨은 단 하나뿐이며 어느 누구도 당신을 위해 대신 아파 줄 수 없다. 각자에게 스스로 다치지 않도록 노력하고 위험으로부터 보호해야 하는 책임이 있다. 여러분이 부양하는 가족에 대한 책임은 일정 부분 사회적 책임도 있는 것이다. 선진국 사람들은 집에서 못 하나를 박을 때에도 안전장구를 착용하고 자전거 탈 때에도 안전모를 쓰는 것이 생활화 되었고 습관이 되어있는 것을 보았다. 우리는 어떠한가. 빨리 빨리가 더 우선하고 절차를 무시하고, 혹은 이정도 쯤이야, 대충해도 된다는 생각이 깊이 자리하고 있다. 설마라는 안일한 생각이 사고로 이어지고, 본인뿐만 아닌 가족, 친구, 동료들에게 아픔과 고통을 주는 일이 많지 않는가.

안전의식이라는 것을 어릴 때부터 모르고 자랐고 배우지 못한 것이 사실이다. 집안도 가난했고 나라도 부유하지 못해서 설령 안전이란 것을 생각했을 지라도 실행할 엄두를 못했다 라는 표현이 맞다. 지금부터라도 교육시켜야 한다. 제대로 된 안전을 어릴 때부터 집안에서 가르쳐 줘야 하고, 그러려면 먼저 어른인 나부터 안전이 생활화되어 있어야한다.

아이들에겐 잘 지키라고 하면서 어른들은 지키지 않고 아이들에게 말로만 하는 교육은 이젠 그만해야 한다. 아이들에게 모범된 모습을 보여줘야 한다. 그것이 실천하는 안전교육의 시작이 아닐까.

가능하다면 유치원과 초등학교 교과서에 생활안전 과목을 추가해야 한다. 대부분의 사고는 근로자들이 스스로 예상하지 못한 불안전한 행동에서 기인하기 때문이다.

어려서부터 교육이 부족했다면 지금부터라도 안전이란 단어가 지켜야 하는 생소한 것이 아니라 몸에 익숙한 하나의 일상이 된다면 우리의

빤돌의
플랜트 이야기

아이들이 자연스럽게 당연한 일로 받아들이고 실천하리라 믿는다.
  책임을 가지는 것만큼 아름다운 것이 어디에 있을까. 여러분이 안전에 대해 책임을 가져야 할 주인이다. 책임 없는 자유는 방종이라는 속담이 생각난다.

3 안전은 남들이 해주는 것이 아니다.

여러분이 직접 하는 것이다. 현장의 안전 책임자는 여러분 자신이다. 100% 여러분 책임만은 아니다. 최 일선현장에서 일하는 여러분과 관리 감독하는 관리자와 회사를 경영하는 경영자, 공동의 책임인데 일차적으로 여러분이 가장 위험에 노출되어 있다.

수만 가지나 되는 현장의 모든 활동은 위험이 따른다. 기계로 땅을 파고 철근을 설치 후에 콘크리트를 타설하여 양생이 되면 기초 위에 철골과 기계를 설치한다. 기계에서 배관을 연결하고 한편 기계를 돌리기 위해 전선을 연결하고 인간의 신경계통이라 할 수 있는 계장공사를 하면 그렇게 해서 공장은 완성된다. 지하 수십 미터부터 지상 수십 미터까지 높은 곳에서도 일하는 사람들은 남이 아닌 여러분이고 이렇듯 여러분 주위는 온통 불안전한 요소가 널려 있다.

철골은 인간의 뼈대, 기계는 심장, 배관은 혈관들, 계장은 신경계통이라고 인간의 생물학적 구조와 Plant 공종을 비교하기도 한다.

여러분이 일터에서 일을 할 때 안전에 조금이라도 의심가는 것이 있으면 서슴지 말고 사전 해결하기 바란다. 혼자서 못하면 동료를 불러서 같이 하고 다음은 관리자에게 얘기해라. 그것이 여러분과 같이 일하는 친구들을 보호하는 지름길이다.

"스스로 하나뿐인 생명을 귀하게 여기고 보호해야 할 일차적인 행동은 여러분한테서 나오는 것 아닌가요?"

현장에서 이뤄지고 행하여지는 모든 행동이 여러분 자신의 안전과 직결되어 있다는 것을 명심해 주고 여러분의 육신은 바로 여러분 것이기에 남들에게 의지하기 이전에 여러분 스스로가 위험으로부터 보호해야 한다.

빤호의
플랜트 이야기

4 동료 간에 서로를 위험으로부터 지켜주어라

　건설 작업장에서 일을 한다는 것은 혼자서 하는 작업은 거의 없다. 일에 따라 몇 명이 작업 조(Work crew) 별로 움직인다. 내가 남의 안전을 살펴야 하고 내가 몰라서 간과하는 위험을 남들이 나한테 알려주고 서로 서로 지켜주어야 한다. 동료가 작업 중에 위험하다고 판단되면 즉시 소리 질러서 시정하라고 얘기해주고 작업 중지를 시켜줘라. 서로 도와주고 지켜주기 바란다. 같은 작업 팀원 간 손발이 맞아야 일도 효율적으로 하고 상호 안전도 보장된다. 혼자서 할 수 있는 것이 많지 않은 것이 플랜트 건설현장이다. 서로서로 지켜주자. 동료의 안전이 나의 안전 아닐까.

5 서두르다가 사고 난다

오후 일과가 끝나고 집에 가고픈 마음이 간절할 때 서두르다가 사고 난다. 그 동안 필자가 근무했던 각 나라에서 발생한 사고를 분석해 보면 오전보다는 오후, 평일보다는 주말에 훨씬 많은 것을 발견했다. 물론 나라에 따라 조금씩은 다르다.

멕시코에서 근로자들은 주급을 받는다. 월요일부터 토요일까지 일한 것을 토요일 오후에 급여를 주니 토요일 오후에는 효율적인 일이 될 수가 없다. 빨리 가서 친구들 만나고 한잔해야 하는 분위기이니까 안전은 뒷전이다. 마음은 벌써 데킬라와 맥주로 가득 차 있다. 토요일은 거의 밤을 새고 마신다. 심지어 일부는 일요일까지 얘기하고 먹고 마시고 춤추고 월요일 아침 출근비율이 80%대이다. 즉 20%는 일요일 저녁에 많은 술을 마시고 현장에 못 나온 것이다. '90년대 초반 우리나라는 노래방 문화라고 한다면 멕시코는 음악이 들리면 춤추는 열정의 나라라고 할 수 있다. 악순환이다.

특별히 불안한 토요일 오후의 멕시코 건설현장이 생각났다.

일과를 마감하기 전에 더욱 긴장을 하고 나의 안전부터 살피자.

해마다 연말연시가 되면 더욱 조심해야 한다.

중동에는 크리스마스 휴가가 없다. 발주처 및 대부분 작업자들이 무슬림 국가이기에 신정만 쉬고 나머지는 계속 일을 한다. 하지만 아메리카 대륙의 거의 대부분 현장은 크리스마스부터 신정 휴가까지 약 10일 정도 연휴를 즐긴다. 그래서 연휴 시작 전은 더욱 불안하고 초조하다. 연휴가 끝나고 작업을 다시 시작할 때도 마찬가지다.

새롭게 다시 정신무장을 해야 하고 느슨했던 긴장감을 다시 조여야 한다.

빤춘이
플랜트 이야기

연말연시에는 Finish Strong! Start Strong! 구호를 외친다. 즉 연말 마무리를 확실하게 내년 초 시작도 확실하게 하자는 우리들의 외침이다.

멕시코 마리아치 (길거리 악사들)

6 여러분의 목소리를 높여라

　불안전한 작업환경이면 작업하지 마라, 그리고 개선을 요구하자.
　철저한 안전시설 설치는 비용이 발생한다. 일부 어떤 회사에서는 비용을 아끼려고 안전시설을 제대로 하지 않는다. 물론 비용 아끼지 않고 안전에 많은 투자를 하는 회사도 있다.
　'이 정도면 괜찮겠지' 하는 안일한 생각이 사고의 시작이라 해도 과언이 아니다.
　근로자 여러분이 판단해서 확실하게 안전하지 않으면 작업을 하지 말자. 여러분은 안전한 작업환경을 요구할 권리가 충분히 있다. 불안한 작업환경에서 발생하는 다양한 형태의 사고유형을 볼 수 있으며 항상 사고는 조금 미심쩍은 곳에서 발생하곤 한다. 사고 후 분석을 해보면 완전하지 못한 환경에서 발생하고 있으니까 여러분이 목소리를 높여서 사고를 줄여야 한다.
　여러분이 원하는 것을 얘기해라. 모두 들어주고 받아줄 것이다.

빤쫀의
플랜트 이야기

 아침에 몸의 상태가 안 좋으면 높은 장소 작업은 하지 마라

　사람은 누구나 아프다. 아픔은 예고 없이 찾아오고 크던 작던 병이 발생한다. 나도 여러분도 몸이 아프면 만사가 귀찮아지는 것은 기본이다. 아픈 것을 숨기지 말고 사실대로 보고해서 높은 곳에서 일하지 말고 보다 쉬운 일을 할 수 있도록 요청해라. 관리자들은 여러분 얘기를 들어준다. 아픈 것은 죄도 아니고 여러분의 잘못도 아니다. 몸 상태가 정상이고 정신이 안정될 때 비로소 원하는 일을 효율적으로 할 수 있기 때문이다.
　"우는 아이에게 젖을 준다"라는 한국 속담이 필요하다.
　칠레, 멕시코에서도 통용된다는 것을 발견했다
"Guagua que no llora, no mama."

8 모든 위험요소를 제거해라

　영어로 "JHA(Job Hazards Assessment)"라고 한다. 직역으로 하면 일 하는 과정에 위험요소를 찾아내는 것이며 위험성 평가라고도 한다.

　먼저 사고의 위험이 어디에 잠재해 있는지 파악이 중요하다. 모든 근로자들이 알아야 한다. 오늘 해야 할 일과 각 작업별 사고의 위험과 지켜야 할 안전준수 사항을 같은 작업 팀원들끼리 모여서 작성한 다음 모두가 읽고 서명을 한다. 어제랑 같은 일이 반복된다 할지라도 날마다 새롭게 해야 하며 혹시 새로운 작업내용이 생기면 거기에 수반되는 또 다른 위험인자가 무엇인지 발견해서 작업 전 모두 공유해야 한다.

　근로자들이 하고 있는 일상의 일이지만 고정관념에 사로잡혀 모르고 지나칠 때가 있다. 관리자 여러분의 책임은 위험요소가 더 있는지 확인하는 것이다. 현장 순찰할 때 새로운 위험요소가 있으면 모든 근로자에게 즉시 알려 주는 배려가 필요하다.

빤쮠이
플랜트 이야기

9 공도구 상자 모임과 아침 체조

"TBM(Tool Box Meeting)"과 스트레칭 필수

영어로 익숙해진 현장용어를 한국말로 번역하니 이상한 말이 된다. 작업을 시작하기 전에 오늘 해야 할 일, 작업절차서, 안전하게 작업하기 위한 사전준비를 하는 간단한 회의인데 공도구함을 둘러싸고 동그랗게 모여서 한다고 해서 붙여진 이름이다. 모두가 참여하도록 유도하고 개개인이 발언할 수 있는 기회를 주고 배려하자.

그 다음에는 가벼운 몸 풀기를 한다. 스포츠 선수들이 하는 준비운동과 전혀 다를 바가 없다. 운동선수인 반면 여러분은 건설선수들 아닌가? 필자가 근무하는 외국에서는 주로 국민체조를 한다. 스트레칭(stretching).

음악과 하나, 둘, 셋, 넷 구호에 맞춰 2절까지 한다. 외국인들은 처음에 서툴다. 날마다 하니 자세가 나오고 스스로 좋다고 한다. 필자는 말한다. "훗날 여러분이 100세까지 안 아프고 살거든 오늘 지금하고 있는 스트레칭을 열심히 한 덕분임을 기억하라고"

PART 02 Safety(안전)

협력사 관리자들에게

1 근로자들을 진정 여러분의 동생 또는 형처럼 대하고 있는가?

처음에는 서로 모르는 남남이었지만 하루 이틀 근로자들과 일을 같이 하고 시간이 지날수록 정이 들어갈 것이라 믿는다. 하나의 팀이 되고 목표도 하나가 되곤 한다.

이렇게 일정기간 공사가 끝날 때까지 날마다 같이 시간을 보내고 얘기하는데 동생이나 형처럼 진정한 사랑으로 대하지 않을 수 있는가? 여러분들이 작업을 지시하는 입장이지만 진정으로 사랑하고 위하는 마음이 있어야 한다. 그러다 보면 자연스럽게 가까워지고 신뢰라는 것이 생기게 된다.

사랑하는 마음이 기본적으로 바탕에 깔려야 근로자 요청 없이도 안전한 작업환경을 준비해 주고 작업절차도 친절히 알려줄 수가 있기 때문이다. 즉 선제적으로 대응해야 한다는 얘기이며, 여러분이 먼저 열린 마음으로 따뜻하게 대해야 한다는 것이다.

진심을 다해서 위하고 아끼고 사랑하는 마음이 없다면 여러분을 믿고 따르지 않을 것이다. 여러분이 생각이 먼저 변해야 한다.

한국을 떠나서 다른 나라 건설현장에서 근무할 때도 마찬가지라고 생각한다. 어떻게 생각하나요? 그들을 존경하고 사랑할 준비가 되셨나요?

모든 근로자를 사랑하는 마음으로 가득 채워 주자. 현장 전체 분위기가 밝아지고 생산성도 높아지며 무재해 현장이 될 것이다.

빤호의
플랜트 이야기

2 안전은 입으로만 하는 것이 아니다

안전이라는 단어의 사전적 의미를 살펴보자.

요약하면 "모든 사람과 사물이 존재하는 현 상태에서 위험요소가 없거나 사고가 날 염려가 없는 상태"

오늘 여러분이 현장에서 안전 관련해서 무슨 일을 했는지 반성하고 종이에 또는 노트에 적어봐라.

안전사고 예방활동은 책상에 앉아서 하는 것이 아니다. 현장에서 살고 항상 움직여라. 어떤 지시와 무슨 행동을 해서 오늘 하루 무재해로 일과가 끝났는지 생각해 보고 반성도 해 보자. 그리고 내일을 준비하자. 시시각각 바뀌는 현장의 디테일을 모르고 안전을 말할 수 없다. 발로 뛰는 현장관리가 안전사고를 예방한다는 것을 확신한다.

여러분의 작은 행동과 실천이 무재해 현장을 만들고 근로자를 살린다.

말로 하지 말고 현장으로 나가라는 안전담당 직원

3 여러분이 근로자라면 어떻게 할 것인가?

근로자들 입장에서 안전을 얘기해라.

"역지사지(易地思之)"라는 한자성어도 우리에게 매우 익숙한 말로 상대방의 입장에서 생각하라는 말이다. 꼭 다른 사람뿐 아니라 자기가 처해있는 현실과 정 반대의 입장을 생각해보는 것도 이 말에서 의미를 찾을 수 있을 것 같다. 근로자들을 배려하라는 뜻이다. 안전한 일터를 만들어 주고 그들의 고충을 항상 들어주어라.

근로자들이 더 잘 안다. 위험요소가 무엇인지 그 사람들한테 물어야 한다. 안전한 작업장 환경조성은 여러분 책임이다. 그들과 많은 대화를 해라. 항상 들어야 한다. 여러분은 연출자이고 그들은 위험한 무대에서 활동하는 배우이다.

3,200ton 크레인으로 100m 높이 × 1,300ton 증류탑 인양하는 모습

빤호의
플랜트 이야기

4 근로자들이 몰라서 못한 것도 많다

모른다고 질책 말고 하나씩 알려줘라. 여러분도 다 알지 못한다. 친절하게 알려줘라.

중동에서 플랜트 건설현장에 온 인도인 근로자들은 많은 사람들이 농사를 짓다가 온다. 특히 인구가 많고 농업에 의존하는 것이 많다 보니 외화벌이가 낫다고 한다. 유가가 천정부지로 올라가고 중동 전체적으로 플랜트 건설이 붐을 이룰 때는 현장에서는 근로자 숫자도 부족하다. 공기를 지키기 위해서 농사를 짓던 사람이라도 데리고 와야 한다. 공장건설을 처음 해본 사람들이라 모르는 것이 많다. 차근차근 설명을 해주고 모르는 것들을 알려줘야 한다. 인도가 영국의 식민지 생활을 오래 했기 때문에 인도인 모두가 영어를 할 것이라는 생각은 잘못이다.

아부다비에서 실제 있었던 일이다. 하나의 협력사 모든 근로자들을 아침에 모아서 작업 전 안전교육을 하는데 필자가 영어로 한마디 하면 필리핀 근로자들에겐 타갈로그어로, 인도인에게는 힌디어로 통역하고, 중동 사람들에게는 아랍어, 나머지 중국인들에게는 중국어로 4개 국어로 통역을 한다. 의사소통을 위해 영어가 세계 공용어라고 하지만 그것은 관리자급에 한정된 의미일 뿐이고 플랜트 현장에서는 요원한 얘기다.

우리는 안전규정을 준수하라고 매일같이 강조하고 때론 현장순찰을 통해 잘못을 지적하기도 한다.

이것은 한 현장이 끝날 때까지 해야 한다. 교육, 가르침만이 기존의 사고방식을 바꿀 수가 있다.

통상 안전이론으로 사고의 원인은 크게 직접원인(direct cause)과 간접원인(underlying cause)으로 구분한다.

직접원인에는 불안전행동(unsafe act)과 불안전상태(unsafe condition)가 있으며, 간접원인은 전통적으로 기술적/교육적/관리적 원인으로 구분하지만 최근에는 간접원인(근본원인)이 훨씬 복잡한 결과로 분석되는 경향을 보이고 있다.

필자가 캐나다에서 근무할 때 일인데, 일정기간 동안까지 발생한 모든 사고를 직접 분석해 본적이 있다. 원인을 알아야 사고를 방지할 수 있다는 생각에서다.

현장의 총 34건의 사고를 분석해 본 결과, 불안전한 행동에 기인한 사고가 24건으로 71%를 차지하고, 불안전한 상태에 기인한 사고가 5건으로 15%를 차지하며, 불안전한 행동 및 불안전한 상태 모두에 기인한 것으로 판단되는 사고가 5건으로 15%였다.

따라서 불안전한 행동이 기여한 사고는 모두 합쳐 86% 정도로 파악이 된다.

사고 원인이 불안전한 행동에 기인한 것인지 불안전한 상태에 기인한 것인지의 판단이 가끔씩은 주관적일 수 있지만 결론은 상당수의 사고가 불안전한 상태보다는 근로자들의 불안전한 행동에 기인한다는 것은 대부분의 건설현장에서 공통적으로 나타나는 현상이라고 볼 수 있다.

필자의 경험이나 주관적인 생각으로 사람의 행동을 바꾸는 지름길은 "반복적인 교육과 훈련"이라고 느꼈다.

빤순이
플랜트 이야기

5 정리 정돈은 안전사고 예방의 시작이다.

나는 매일 오전 오후에 한 번씩 현장 순회점검(Site tour)을 한다. 내 눈으로 직접 봐야 3차원으로 눈에 들어온다. 첫 번째로 확인하는 것이 정리정돈(housekeeping)이다. 정리정돈이야 말로 건설현장의 기본이며 안전사고 예방의 지름길이다. 깨끗한 현장은 사고 날 확률이 확실히 낮다. 정리와 정돈에 대해 자세히 알아보자.

정리는 불필요한 것을 선별해서 필요한 것만 가지런히 만드는 것을 말하며, 정돈은 한 장소에 질서정연하게 두는 것을 말한다. 정리정돈이 구비해야 할 조건으로서

〈정리〉
- 불필요한 품목이 제거되어 있을 것.
- 품목별, 사용빈도 등에 따라 구분해 놓여있을 것.
- 수량을 쉽게 확인할 수 있어야 하며, 출입하기 쉬운 상태에 있을 것.

〈정돈〉
- 두는 장소가 결정되어 있으며 작업장 내에 산재되어있지 않을 것.
- 작업을 방해하는 일이 없을 것.
- 겉보기도 정연할 것 등이다.

이것들을 요약하면 정리란 선별하는 방법과 사용하기 좋은 것이며, 정돈은 물건을 두는 장소의 통일과 두는 방법에 중점이 두어지게 된다.
- 불요불급한 물품을 처분한다.
- 필요한 물품을 두는 장소, 두는 방법을 작업에 적합한 방법으로 정한다.

- 현장 내에 자재 및 공도구등의 반입은 되도록 작업 직전에 실시한다.

이상과 같이 정리와 정돈은 별개의 것이 아니고 언제나 일체로 되어 있으며, 더구나 일상 작업 중에서 특히 일과 종료 시간에 날마다 실시해야 한다.

눈밭에서 공사하는 장면, 영하 30도까지는 공사를 하는 캐나다 오일샌드 플랜트 건설현장

빤츠의
플랜트 이야기

6 많은 사고를 서로 공유하는 것, 부끄럽지 않다.

타산지석(他山之石), 익숙한 사자성어다. "다른 산에 있는 돌이라도 나의 옥을 가는데 큰 도움이 된다"라고 하는 의미로 "다른 현장의 사고 또는 중대재해를 통해 나에게는 새로운 것을 배우는 기회가 된다"라고 해석하고 싶다.

가볍게 다친 것부터 사망사고까지 다양한 사고들은 예고됨이 없이 발생하고 똑같은 사고로 반복되지 않는다. 사고현장을 사진에 담고 내용과 원인을 상세히 공유하고 전달하는 것은 근로자들로 하여금 경각심을 높일 수 있는 것이다. 나는 저렇게 다쳐서는 안 된다는 생각을 하는데 가장 효율적인 교육방법이 아닐까. 가능한 많은 사고사진, 동영상을 공유하는 것이 산교육이라고 생각한다.

중대재해 사고사례는 부끄러워 말고 널리 알려야 한다. 지나간 사고는 시간이 가면 잊혀지겠지만 사고를 당한 유가족의 고통과 슬픔은 영원히 남는다.

부끄러움은 순간이지만 널리 공유하고 알리면 많은 생명을 구할 수가 있다. 최소한 같은 실수의 반복으로 인한 희생은 없을 것이라고 생각한다.

7 근로자에게 관심을 보여라

　근로자들과 친해져야 한다. 그들을 만나면 그냥 지나치지 말고 간단한 인사는 해라. 여러분은 관리자이다. 근로자에게 항상 고마움을 가져야 한다. 난 기회가 있을 때마다 근로자들한테 이렇게 말한다. 여러분은 단순히 돈을 벌기 위해 일하는 것만은 아니고 여러분 나라의 역사를 짓고 있으며 후손들에게 유산과 행복을 주기 위해 오늘 땀 흘리는 것이라고. 자부심을 가지게 해 줘야 한다.

　아래 몇 가지 예를 적었다. 만나는 모든 근로자에게 간단한 목례 정도를 하고 가벼운 대화로 여러분들이 근로자에게 깊은 관심이 있다는 것을 보여주어야 한다.

- 지난밤에 잘 잤느냐.
- 오늘 기분은 어떠냐.
- 누가 당신 팀에서 안전을 가장 잘 지키느냐.
- 우리 현장에서 얼마나 일 했느냐.
- 고향은 어디냐.
- 누가 당신의 안전을 책임지느냐.
- 오늘 하는 일에서 어떠한 위험요소가 있는지 아느냐.

대화는 관심의 시작이며, 소통의 시작이다.

빤흐이
플랜트 이야기

8 불안전한 요소 발견 시 즉시 작업을 중단하라

대부분 시공 담당자들(Supervisor나 Construction Engineer)은 공기 준수에 대한 부담 때문에 "내가 이 작업을 중단하면 당장 오늘 달성해야 할 작업량을 못 지키는 것"을 걱정한다.

방심과 안심은 종이 한 장 차이만큼이다. 우리가 일상생활을 하면서 문제의식을 항상 가져야 변화를 가져올 수 있고 변화를 통한 도약을 기대할 수 있다.

항상 의심을 가지고 불안한 요소를 사전에 제거하자. 여러분은 현장에서 이뤄지는 불안전한 모든 작업을 즉시 중단시킬 자격이 있다.

설마 하는 생각이 얼마나 많은 사고를 부르는지 여러분은 잘 알고 있을 것이다. 알면서 사고를 당하는 바보는 되지 말자. 의심이 말끔히 사라질 때까지 불안전한 요소를 제거하고 작업해도 문제가 없다고 확신이 들면 그때 작업을 시작하자.

칠레 사막 한 가운데 인공조형물 사막의 손

9 땅바닥보다는 올라가서 직접 확인해라

현장생활을 처음 시작할 때 작업장 높이 올라가는 것은 피곤했고 다리도 아프고 무서움도 있었다. 고소공포증은 없었지만 싫었다. 그러다 보니 현장을 관리 감독할 때 다니기 편한 지상으로만 주로 다닌다. 관리감독이 빈번하지 않으면 근로자들도 정신이 해이해질 수가 있고 불안전한 작업환경에 더 많이 노출될 수 있다. 낮은 데는 많은 시선이 있어 관리가 되지만 높은 곳은 아무래도 사각지대가 분명하다. 높은 곳은 100미터도 더 된다.

고소 작업장에 올라가 보면 땅바닥으로 떨어져서 사고가 날만한 볼트/너트, 고정되지 않는 망치 스패너를 포함한 공도구들, 소 부재 공사용 자재 등이 많은 것을 알 수 있다. 개구부(Opening Hole)에 안전난간을 설치하지 않는 곳 즉, 불안전한 작업환경 상태로 방치되어 있는 경우가 많다는 얘기이다. 근로자 스스로 이행하지 않으면 관리자 여러분이 될 때까지 감독을 해라. 반드시 고소작업에 대한 사전 안전교육을 받고 올라가야 한다.

하늘 높이 나는 새가 더 멀리 있는 것을 보듯이 여러분도 높이 올라가라. 분명히 불안전한 상태의 많은 것을 보게 되고 사전에 조치함으로써 사고예방을 하게 될 것이다.

빤흔이
플랜트 이야기

10 낙하물(Drop object) 사고가 가장 많다

산업 혹은 건설현장에서 많은 사고가 발생하고 있으며, 그중에서도 추락, 넘어짐, 낙하 등의 사고는 많은 관심과 예방활동에도 불구하고 지속적으로 발생되고 있습니다.

이는 최근 초고층 건물의 수요 증가와 건설기술(Technology)이 발전함에 따라 작업의 집약, 복합화가 이루어지고 있으며 더불어 시공과정에서도 빈번한 고소, 인양작업 등과 관련된 낙하사고 또한 늘어나는 경향을 보인다.

최근 칠레 현장에서 발생한 매우 위험한 사고를 공유한다.

보일러 설치작업 중이다. 60m 높이에서 약 5kg 무게 되는 샤클(Shackle)이 땅으로 떨어졌는데 근로자 두 사람이 서있는 2m 옆으로 떨어졌다. 안전모를 착용했다 해도 머리에 맞았으면 즉시 사망, 몸에 맞았으면 중상이 뻔한 사망사고에 버금가는 대형 사고다. 얼마나 다행스러운지 모른다. 원인은 상부에서 일하는 근로자의 부주의!

즉시 작업중지를 지시하고 근로자 관리자 모두 집합시켜서 교육을 시켰는데, 다칠 뻔한 근로자 2명에게는 오늘 다시 태어난 제2의 생일날이라고 말해주었다. 죽었다가 다시 살아난 것과 같으므로…

상부에서 작업하는 근로자에게 질문 한 마디, 이 물건이 여러분의 부주의로 땅으로 떨어져서 아래에 있는 근로자가 맞으면 살 까요 죽을 까요?

하부에서 일하는 근로자에게 한마디, 상부에서 물건이 떨어져서 맞으면? 상하 동시 작업하면 안 된다는 것을 배우는 좋은 사례가 되었다.

마지막으로 말했다.

다친 사람이 사망 후 이러한 교육을 하면 죽은 사람이 다시 살아옵니까? 그럼 Falling Objects(낙하물)을 예방하기 위해서는 우리 관리감독자는 어떤 부분에 관심을 가져야 하는지 살펴보자.

첫째, 일반적 사항
- 안전모 착용 및 적치된 자재 고정(미끄러짐, 떨어짐, 넘어짐)

둘째, 고소 작업
- 공도구와 자재를 단단히 고정시킬 것/Grating(그레이팅)* 모서리에 Toe Board 설치/안전 그물망 설치

셋째, 기중기(Cranes)/인양기(Hoists)
- 중량물 인양 시 밑에 있지 마라/ 위험반경 구획 및 Sign 설치/신호수 상주 감시
- 와이어로프, 인양 후크, 체인 등 기중기 부속품 검사/초과중량 제한

상기 언급된 예방활동만으로 모든 낙하물(Falling Object) 사고를 막기에는 어려움이 많을 것이다.

하지만 기본을 따르고 원칙을 실천하고 누군가가 확인한다면 충분히 가능한 일이라 생각한다.

* Grating(그레이팅): 격자모양의 철물 덮개 또는 발판

3kg 몽키스패너 낙하시험 사진
[사진캡: PYTHON safety - The impact of Falling Object]

빤호의
플랜트 이야기

플랜트 건설회사 관리자들에게

1 우리는 그들을 안전하게 가정으로 돌아가게 하는데 책임이 있다

도덕적 측면에서 살펴보자. 일차적인 책임은 여러분에게 있다. 근로자들은 여러분의 지시를 따라서 일을 한다.

그러기에 그들의 인격을 존중해야 하고, 깨끗하고 안전한 작업환경과 휴식공간을 제공하여 일의 능률을 효율적으로 높일 수 있는 분위기를 만드는데 노력과 투자를 해야 한다.

나라와 환경에 따라 다르지만 중동의 경우 대부분 인도인 근로자가 많다. 중동에서 공사하는 인도인들은 휴가를 1년에 한 번 간다. 우리나라에서 '70년대 후반 '80년대 초반기에 중동 달러벌이를 한 우리 근로자도 마찬가지였다. 가족 또는 친구들과 같이 시간을 보내는 여유와 행복보다는 돈이 당장 더욱 필요하기에 휴가를 반납하고 일해야 했다.

현장에서 매일 자기 집으로 출퇴근하는 건설현장도 있다.

필자가 했던 경험으로 보면 캐나다에서는 14일 일하고 1주일 쉬고, 칠레에는 20일 연속 일하고 10일을 쉰다.

우리가 할 일은 하루 일과가 끝나고 가정으로 돌아갈 때, 또는 14일~20일 근무하고 집으로 갈 때, 1년 또는 현장이 완전히 끝나고 영원히 가족의 품으로 돌아갈 때까지 그들의 안전을 여러분들이 책임져야 한다는 것이다.

책임을 가지는 것은 좋은 습관이다.

2 안전사고 난 가정의 미래를 생각해 보라

집안이 화목해야 모든 일이 잘 이루어진다는 뜻을 가진 "가화만사성 (家和萬事成)"이라는 한자성어가 있다.

부모, 자녀, 부부 등으로 구성된 가정은 사회활동의 기본이 되는 가장 작은 공동체이면서 또한 가계라는 이름으로 기업, 정부와 함께 경제활동의 3주체를 이루고 있음을 우리는 너무나 잘 알고 있다.

나를 포함한 모든 사람들은 재산의 많고 적음, 배움의 차이, 현재 직업의 귀천 여부, 사회적 지위와 명예의 고하 여부를 떠나 자기의 가정을 너무나도 소중하게 생각하고 가정의 행복을 위해서라면 나의 희생이 다소 따른다 하여도 그 어떠한 어려운 일이라도 기꺼이 수행할 각오가 되어 있다.

그만큼 가정은 우리 모두의 힘의 근원이며 지켜야 할 고귀한 가치인 것이다.

그런데, 주변을 돌아보면 가정의 구성원 중에서 안전사고 등의 불미스러운 사고를 당하여 고통의 날들을 보내고 있는 안타까운 사연을 접할 때가 있다. 이러할 때 나는 어떤 생각을 하고 있었는지 지금 다시 곰곰이 생각해 보니 그 재해자와 가정의 처한 상황에 진심으로 위로하고 함께 가슴 아파하지 않았다.

이 시간을 빌어 안전사고가 나에게 발생하였다고 가정하고 내가 불행을 겪은 재해자가 될 경우 과연 나는 또 우리 가정의 미래는 어떻게 바뀔까 하고 생각해 보는 시간을 갖고자 한다.

개인보험을 가입할 때에 나의 직무가 무엇이고 직장에서의 위험도가 얼마나 높은 직군에 근무하느냐에 따라 보험료율이 다른 것을 보험설계사로부터 설명을 들으며, 내가 상대적으로 높은 잠재위험 환경 속에서 근무하고 있음을 잘 인지하고 있으며, 또한, 건설현장의 최 일선에서

빤돌이
플랜트 이야기

귀가 따갑게 "안전제일/Safety First" 구호를 외치면서 보다 안전한 안전환경 조성을 하기 위해 끊임없이 노력하는 생활을 하고 있다. 우선, 안전사고가 나에게 발생한다는 그 상상 자체조차도 싫은 것을 감추기가 어렵다.

영화나 드라마를 보면서 주인공의 행복과 성공은 모든 사람의 부러움의 대상이고 닮고자 하는 선망의 모델이지만 불행을 겪는 대상을 보면 절대 나는 저런 입장에 서지 말아야지 하는 마음과 같은 이치일 것이다.

만약에 내가 안전사고의 재해자가 되었다 가정하면 나 자신도 그리고 나의 가정의 구성원들도 그 상황을 쉽게 받아들이지 못하고 충격과 슬픔과 좌절에 빠져 방황하는 시간을 보낼 것이 분명하다.

안전사고가 나로 인하여 발생하였다면 그 원천적인 책임에서 스스로 자유롭지 못하기 때문에 그 상실감의 정도는 일부 덜하겠고 어떻게 하던 안정을 찾고자 노력하기도 하겠지만 만일 내가 아닌 다른 외적 요인에 기인한 사고일 경우에는 상처를 달래고 재기의 노력을 기울이기보다는 커다란 분노에 휩싸여 세상을 증오하면서 거의 패인의 삶을 살지는 않을까 하는 상상하기 싫은 큰 두려움이 먼저 든다.

나 자신이 바로 서지 못하는 상황에서 겪는 가족 구성원의 불안감과 유대감의 상실 등으로 인하여 이전과 같은 행복한 시간을 갖는 것은 꿈에 불과할 것이고 서로 간의 신뢰와 존중도 조금씩 그 정도가 무너지기 시작하여 나중에는 그저 가족이기 때문에 의무적이고 무미건조한 가정생활을 영위하지 않을까 하는 두려움이 든다.

지금 나는 건강하고 좋은 직장에 관리자로 재직하고 있으며, 가정 또한 나름 무난하게 그리고 행복하게 생활하고 있음을 늘 감사하게 생각한다. 이러한 지금의 위치와 환경이 나만 잘해서 얻어진 것이 결코 아니고 나의 가족, 친척, 동료, 선후배, 그리고, 함께 일 해왔던 수많은 근로자들의 노력과 도움이 절대적이었음을 깨닫고 고백하며, 그들의 헌신적인 인내와 희생에 감사를 전하고 싶다.

나로부터 우리 모두가 보다 안전한 건설환경 아래에서 프로젝트를 성공적으로 달성하기 위해서 안전의 사소한 것 하나라도 더 챙기고 보완하여 무재해 준공을 하는 그 순간까지 최선의 노력을 경주하겠다고 다시 한 번 더 다짐하는 바이다. 이것만이 내가, 우리 모두가 안전하게 따뜻한 가정으로 돌아갈 수 있음을 굳게 믿기에….

칠레 안토파가스타 해안의 La Portada: 태평양 바람과 파도가 만든 약 45m 높이의 Sea Arch. 상부에 보이는 검정색은 바다새들의 배설물로 퇴적된 것임.

빤쟁이
플랜트 이야기

3. 품질, 원가, 공기는 타협이 가능하나, 안전은 타협의 대상이 아니다

대기업 건설회사에서 기업활동을 하는 또 하나의 목적은 이윤을 추구하여 주주 및 구성원에게 나눠주고 일부는 사회에 환원하는 것이다.

프로젝트를 수행함에 있어 반드시 기억해야 할 네 가지 요소는 "CQSS"라고 한다. 원가(Cost), 품질(Quality), 공기(schedule), 안전(Safety)이다.

다시 말하면 이윤을 남겨야 하고, 양호한 품질을 제공하고, 정해진 공사기간 이내에 공장 건설을 해서 발주처에게 넘겨줘야 한다. 아무도 다치지 않아야 하는 것이 첫째이다.

프로젝트 수행 중에 가끔은 발주처로부터 추가 작업지시(Change Order)를 받는다. 이럴 때는 공사단가는 조정이 가능하다. 즉 원가에 대한 협상은 가능하다는 의미이다. 공기 준수 역시 불가항력인 경우 예를 들어서 불법파업으로 현장작업 진행이 불가한 경우에 계약서에 따라 발주처에서 공기연장 승인을 해준다.

공사 중 품질확보가 안 될 경우에는 재작업을 한다. 자재가 불량하면 좋은 자재로 다시 구매해서 시공을 하고 용접을 잘못해서 용접부분에 균열이 발생하면 그라인더로 갈아내고 다시하면 된다.

일회성뿐인 인간의 목숨을 담보하는 현장안전에는 절대로 타협이 있을 수 없다는 의미이다. 인간의 목숨을 두고 어떤 타협이 가능하고 필요하겠는가?

안전은 절대적으로 타협의 대상이 아니다.

4 미세감정 – 작은 것에 감동한다

미세감정이란 것이 있다. 감정에 있어서 흔들림의 시작을 미세감정이라고 한다. 행동으로 이어지기 전에 일어나는 작은 감정이다. 근로자들의 입장에서 보면 작은 칭찬, 조그만 기념품, 상품 등에 매우 민감하고 감사해한다.

우리는 근로자들의 안전을 위해 그들을 최우선으로 생각해야 한다. 성과를 내어 생산성을 높이는 것도 그들의 손에 달려 있다.

예를 들어 무재해 인시(人時)를 기록할 만한 숫자를 달성할 때 기념품을 지급한다. 아부다비 정유공장 건설현장에서 최종 6,600만 무재해 인시를 달성했는데 3,000만 인시 기념으로 모든 관리자에게 외장하드를 기념품으로 증정했다. 근로자들에게는 가방을 선물했다. 모두 좋아하고 즐거워하는 것을 보니 나도 행복했다. 모두가 사고 없는 현장을 만들어 보자는 공동의 노력에 대한 결과였고, 힘들게 달성했던 보람을 느끼게 한 작은 선물이다. 현장에서 안전 이벤트를 만들어서 작업자들에게 선물을 하자. 그들의 마음을 움직이게 하고 자부심을 느낄 수 있는 하나의 방법이다.

칠레현장 Music band, '16년 송년 공연을 마치고

빤효의 플랜트 이야기

5 벌보다는 상을 줘야

안전을 잘 지키는 근로자를 선발하여 시상을 하고 칭찬을 하여 다른 근로자로 하여금 행동양식(Behavior)을 바꾸게끔 하는 효과적인 방식이라고 할 수 있다.

다음은 필자가 칠레 현장에서 경험했던 사례인데, 당 현장에서는 지상에서는 턱 끈 사용을 하지 않고 2층 이상 올라갈 때만 하는데 어느 날 오후에 본인이 안전순찰 중에 안전모 턱 끈을 착용하는 것을 깜박 잊었다. 이런 나를 보고 근로자 한 사람이 턱 끈을 하라고 멀리서 손짓을 한다. 나도 고맙다는 수신호를 하고 턱 끈을 착용하고 사무실로 돌아와서 생각을 해보니 그냥 지나칠 일이 아니라 생각되어 우리 시공 담당자를 불러 다음날 그 근로자를 찾아서 포상을 하라고 지시했다. 누가 되었던 지위고하를 막론하고 안전의식이 투철하여 몸에 익숙해져 있는 것이 감사할 뿐이었다. 회사별로 매월 1회씩 모범이 되는 근로자를 선발하여 표창하는 시스템을 운영하는 것을 강력 추천한다. 벌을 주는 것보다는 상을 주는 것이 더 효율적인 방법이라 확신한다.

상품권 받고 즐거워하는 근로자

6 걸어 다닐 때 주머니에서 손을 빼세요

어릴 적 내가 자란 소안도 섬에 눈이 많이 왔다. 언제부턴가 지구온 난화라는 단어가 생기면서 논에 얼음도 안 얼고 눈도 점점 적게 내린 다. 썰매 타고 팽이도 쳐야 하는데 털장갑 하나만 있었으면 얼마나 좋 았을까. 가난이 준 선물이다. 손은 동상 걸려 항상 겨울이면 가려웠고 춥 다 보니 주머니에 손을 넣는 것이 편하고 자연스러웠다. 넘어지면 다친 다는 생각은 아예 못했으니 말이다. 안전이 뭔지 전혀 모르고 살 때였다.

최근 캐나다 북부 오일 샌드 현장에서 두 번의 겨울을 보냈다. 정말 추운 날이다. 겨울 내내 땅은 눈으로 덮여 있다. 물론 제설작업을 24시 간 한다고 하지만 눈길을 걸을 수밖에 없는 환경이다. 모든 한국인 우 리 직원들은 버스 타러 갈 때, 식사하러 식당에 갈 때, 담배 피우러 갈 때 주머니에 손을 넣는다. 나의 유년시절을 기억하며 주머니에 손 빼기 캠페인은 그렇게 시작되었다. 땅이 얼어 미끄러져 넘어지는 것을 방지 하기 위한 일념으로…

2015년 겨울 미끄러져 넘어져 다친 우리 직원은 없었다. 다행이다.

추위는 몸소 느껴보지 않으면 정도를 알 수가 없다. 캐나다 북부에서 근무한다고 하니 얼마나 춥냐고 물어온다. 영하 몇 도라고 온도를 숫자 로 말해 줄 수는 있지만 느끼는 체감온도는 전달할 수도 없는 추상명사 가 아닌가? 온도와 바람의 속도에 따라 체감온도는 계산된다. 내 몸이 그 추위에 노출되기 전에는 알 수가 없다. 거기에 있을 때만 비로소 혼 자만이 느낄 수 있는 것이다.

본인이 느껴본 최저 온도는 수은주 -38℃, 체감온도 -49℃로 좋은 경험이었다. 아무나 쉽게 할 수 없는 북극체험과 비슷한 거 아닐까?

빤초의
플랜트 이야기

2015.2.11 에 핸드폰에서 캡쳐한 캐나다 북부 기온

7 현장 관리감독 할 때는 눈을 떠라

감은 눈을 뜨고 눈만 크게 뜨라는 얘기가 아니다. 모든 현장의 작업조건을 세밀히 관찰하고, 근로자들이 불안전한 행동을 하는지 관심을 가지고 안전순찰해야 무엇이 잘못되고 있는지 눈에 보인다라는 뜻이다.

처음에 현장을 접하면 모든 것이 신기하다. 처음 본 대형 건설장비들, 각종 이름 모를 기계들, 사람 키보다 큰 파이프 직경, 근로자들이 어떤 일을 어떻게 하는지 궁금할 뿐이다. 안전관리 관점에서 눈에 들어오지 않는다. 무엇을 지적하고 시정조치를 요구해야 할지 모른다.

안전에 대한 공부를 하고 체크리스트를 작성·지참해서 현장 관리감독할 것을 권장한다. 그렇지 않으면 현장 구경만 하고 돌아오게 된다. 어떤 관점에서 봐야 하는지 시력을 높이기 바란다. 계속 불안전한 작업환경과 요소를 사전에 찾아서 제거해 주는 것이 여러분이 해야 할 일이다.

항상 관심을 가지고 문제점을 사전에 찾아야 하기에 눈을 뜨라고 한 것이다.

필자가 참여한 정유공장 건설중

빤호이 플랜트 이야기

8 원인 모를 화재 사고

건설현장에서 화재사고도 간간히 발생한다.

유난히 더웠던 1995년도 태국 아로마틱 공장건설현장에서의 화재 사례 하나 소개하고자 한다.

기계를 설치하려고 패키지 장비가 포장된 그대로 나무상자를 기계기초 옆에 옮겨두었다. 잠시 후 연기가 나더니 순식간에 불타고 있었다. 지금도 미스터리이지만 정확한 원인을 밝히지 못했다. 다만 짐작이 가는 것은 상부 산소절단 또는 용접작업 시 아래로 떨어진 쇳물 불티라고 확신한다. 태국 근로자들이 아무도 그 시간에 화기작업을 안 했다고 해서 더운 날씨에 자연발화라고 결론짓고 보험 처리하였지만 난 아니라고 본다.

석면포로 만들어진 불티 방지 천에 물을 묻혀서 불티 낙하를 방지해야 하는 것이 사고를 통해 배운 교훈이다.

화재사고 예방의 올바른 이해는 투자가 곧 이익이라는 생각이 필요하다. 초기진화를 위한 상시 소화기 비치, 소화기 사용요령 교육 실시, 그에 맞는 적절한 훈련 등이 필수적이다.

소화기사용 교육 장면

PART 02 Safety(안전)

9 안전은 현장에서 이뤄진다.

  현장 소장이 된 이후 본인은 계속 시공 엔지니어 및 현장 관리자에게 강조하고 있는 내용이다. 문서작업은 퇴근 후 야근으로 처리하고 사무실에서는 아침과 퇴근 시간만 보내고 나머지 시간은 현장에서 근로자들과 함께 보내라고 한다. 현장 안전은 사무실이 아닌 현장에서 이뤄지기 때문이다.

  가장 일선에서 근로자들의 안전을 챙겨야 할 사람은 바로 시공 담당자 여러분이다. 그러다 보니 낮 시간 동안은 시공 담당자를 현장에서 더 많은 시간을 보내도록 독려하는 것도 현장소장의 일이 된다.

  발주처에 따라 약간은 차이가 나지만, 대부분 발주처에서 요구하는 계약 조건 중의 하나는 근로자 30명 당 1명의 안전 관리자 숫자를 현장에 상주하고 있다. 즉 안전 담당 1명은 약 30명 정도의 근로자들의 불안전한 행동을 파악하고 시정 조치할 수 있다는 통계에서 나온 듯하다. 가능한 현장에서 시간을 보내라.

빤호의 플랜트 이야기

10 통계숫자에 연연하지 마라.

　우리는 무재해 시간으로 안전기록을 유지하는 것이 가장 중요하다고 생각했다. 무재해를 1,000만 인시를 달성했느니 1억만 인시를 달성했느니, 이처럼 숫자를 얘기한다. 물론 목표의 설정과 달성 노력, 현 수준 파악을 위해서 근로자들이 얼마나 많은 시간을 다치지 않고 일했는지 지표(Index)로 나타내는 것은 필요하다.

　필자가 현장소장을 했던 아부다비 정유공장에서 6,600만 무재해 인시 기록을 달성해서 발주처로부터 인증서를 받은 경험이 있다. 우리가 관심을 가져야 하는 것은 숫자가 아니라, 정말 중요한 것은 재해 정도이다. 한 근로자가 다쳐서 병원에 갔다고 보고를 받으면 나도 모르게 재해등급이 MTC(의사 처방, Medical Treatment Case)냐고, 또는 무재해 기록이 깨진 것이냐고 먼저 물었다. 재해 정도가 얼마냐고 먼저 묻는 것이 정답이다. 진정으로 내 가족, 형제, 친척, 친구가 다쳤다고 생각하고 걱정해야 한다. 그동안 숫자에 더욱 관심을 가지고 현장소장 생활을 해왔던 필자의 생각이 짧았고 어리석었다는 것을 깨달은 것은 최근 캐나다 현장에서다.

　물론 통계 숫자를 완전 무시하라는 것은 아니다.

　환자가 얼마나 심하게 다쳤는지를 진심으로 걱정 하고 퇴원하여 일터로 돌아오던지 아니면 집으로 갈 때까지도 관심을 가지고 돌봐야 한다. 일부러 다치고자 하는 사람은 없다. 사고 후 완전 회복할 때까지 환자를 보살피는 것도 관리자의 책임이다.

PART 02 Safety(안전)

11 공정과 안전이 서로 우선한다고 다툴 때는?

안전의 손을 들어줘라. 이것이 진정 안전제일(Safety First)을 실천하는 길이다. 물론 공정률이 앞서가는 현장도 있지만 많은 플랜트 현장에서 공정률은 늦어지기도 한다. 그러다 보니 당연히 발생하는 것은 공정과 안전의 우선순위가 논쟁이 되곤 한다. 본인의 현장운영 철학은 확실하다. 공정 우선이 아니라 안전 우선이다. 중대 재해발생은 현장 공정 달성에 치명적이다. 각 현장에서 중대재해가 발생한 후 어떻게 조치가 되고 후속공정에 영향이 있는지 살펴보자. 공사 중단은 기본이며, 발주처, 경찰, 노동조합, 노동청 관련 정부 기관, 본사 안전환경팀에서 사고 원인을 조사한다고 한두 달은 아무것도 하지 못하고 금방 지나간다. 사고 현장 주위 전체를 바리케이드를 치고 접근 금지한다. 조사가 완료된 후에는 사전 안전검사는 더욱 강화된다. 공사효율이 낮고 생산성은 떨어져서 공기지연에 대한 부담은 더욱 커진다. 결국은 사고를 방지하는 것이 공기를 준수하는 지름길이 된다. 해가 갈수록 안전에 대한 중요도가 높아지고 국민들과 기업들의 관심도 높아지고 있는 것이 사실이다.

빤춘의
플랜트 이야기

12 상식은 안 통한다, 공부하자

돌이킬 수 없는 것이 중대재해다. 사고 후에 아쉬워하지 말고 후회하지 말자. 하루를 그냥 보내지 마라.

오늘 안전사고 예방을 위해 무엇을 했는지 반성하고 내일은 무엇을 할 것인지 생각해라. 안전은 상식이 아니다. 전문적인 안전관리를 위해서 많은 공부를 해야 한다. 배우려는 관심만 가지면 주위에 온통 널려 있는 것이 안전 관리 서적이고 절차서이다. 현장 생활 중 안전팀에서 제공하는 절차서, 안전 수칙을 한번 씩만 읽어도 지식이 쌓인다. 공부를 해야 한다. 이론을 알고 난 후 현장에 접목해서 활용해야 한다.

"21세기 문맹자는 읽고 쓸 줄 모르는 사람이 아니라 지식을 받아들이고 낡은 지식을 버리고 다시 배우는 능력이 없는 사람이다."

- 앨빈 토플러 -

PART 02 Safety(안전)

13 사각지대를 잘 봐야 한다.

영어로는 Blind Area라고 한다.
우리는 흔히 사각지대라고 하면 운전할 때 거울에 보이지 않은 부분으로 이해하고 있다.

또한 범죄의 사각지대로 경찰들의 순찰이 잘 이루어지지 않는 뒷골목이나 가로등조차도 제대로 설치 안 된 음침한 곳을 이를 때가 많다.

빤흔이 플랜트 이야기

사각지대의 정확한 사전적 의미는 "어느 위치에 섰을 때 사물이 눈에 안 보이게 되는 각도, 또는 어느 위치에서 거울이 사물을 비출 수 없는 각도"를 뜻한다. 이는 관심이나 영향이 미치지 못하는 구역을 비유적으로 이르는 말이기도 한데,

안전에 대한 이야기를 쓰면서 갑자기 사각지대라는 생소한 용어를 하게 되었을까?

사고가 발생한 현장의 많은 책임자가 후회 섞인 하소연을 하는데, "평소에 안전관리를 철저히 했는데… 전혀 생각지도… 너무도 터무니없는 곳에서… 있을 수도 없는 사고"라고 한다.

이는 현장 내 어딘가에 존재하고 있는 안전 사각지대를 그만큼 민감하게 생각하지 않고, 중요하게 관리하지 않았음을 알 수 있으며, 다이내믹하고 복잡한 현장에만 관심을 집중하고 있다는 방증이라 할 수 있을 것이다.

예전에 우리 회사도 "사각지대에 대한 점검"에 대한 프로세스를 정립하고, 현장 구성원들에게 이에 대한 지속적인 관리를 당부하고 실천한 적이 있다. 요즘은 첨단기술을 활용하여 드론(Drone) 등을 이용하여 사람이 직접 갈 수 없는 높은 곳이나 구석진 곳을 실시간으로 자유롭게 볼 수 있는 시대가 되었다.

시대를 초월하여 사각지대 관리가 안전사고 예방에 중요한 부분이고, 가용할 수 있는 모든 수단과 방법을 동원하여 사각지대를 없애는 것이 중요하며, 구성원 전체가 동참하는 일회성 캠페인이 아닌 몸에 베인 자연스러운 행동양식, 즉 문화로 자리 잡아야 할 요소인 것 같아서 강조하고 싶다.

이제 우리의 관심사인 우리의 業에서 안전 사각지대에서 안전사고를 어떻게 예방할 수 있는지 알아보도록 하자.

안전점검(Safety Inspection)은 생명이나 부상을 구하는 것이 아니라 위험(Hazards)을 찾아내고 제거할 수 있는 기회를 주는 것이다.

가장 효과적인 점검은 위험을 제거하는 행동을 수반하는 것이며, 점검보고서는 위험을 줄일 수 있는 방법(Solution)이 제공되어야 한다.

필자가 느끼는 효과적인 현장점검 방법으로는

첫째, 항상 어떤 것을 찾아야 할 것인지에 대한 계획을 세워야 한다.

계획이 없다는 것은 바람 앞에 촛불과 같이 이리저리 배회하게 만들고 결국은 아무런 소득 없이 돌아오기 때문이다.

둘째, 안전에 대한 지식이 많지 않다면 체크 리스트를 활용하자.

처음부터 공정과 작업에 대한 위험 요소를 알고 있는 기술자는 많지 않기 때문에 필요한 점검 부분은 항상 체크리스트를 이용할 것을 권장한다.

셋째, 전체를 보고 세분화된 구역으로 나누어 보아야 한다.

오감(시각, 청각, 후각, 미각, 촉각)을 통하여 전체적인 상황을 미리 숙지하고, 또한 세분화된 구역은 특정한 위험을 찾기 위해 본인의 위치에서 근거리, 중거리, 원거리를 여러 번 반복해서 보아야 하며, 때로는 걷는 동안 놓칠 수 있는 작은 부분에 집중하기 위해 잠시 동안 멈춰서 보기도 하여야 한다.

이처럼 프로젝트의 모든 구성원들이 계획하고 점검하고 위험을 시정하면서 하나의 안전문화로 자리 잡는다면 근로자의 생명을 위협하는 어떠한 안전 사각지대도 없을 것이란 확신을 가지고 실천해 보자.

사고는 장소를 가리지 않는다. 언제 어디서든 사람이 있고 장비가 있는 작업장이면 발생이 가능하다. 예상하지 못한 곳에서 사고의 확률과 빈도가 높다.

빤뜨의
플랜트 이야기

14 무재해는 원칙과 절차를 지킬 때만 가능하다

　필자가 근무했던 경험으로 빨리 빨리라는 말은 세계적으로 사용한다. 태국은 래우 래우, 서반아어를 사용하는 멕시코, 칠레는 라뻬도 라뻬도, 필리핀은 달리 달리, 아랍어를 사용하는 중동 국가는 얄라 얄라, 중국에서는 콰이 콰이, 결국 빨리라는 지름길이 문제가 되고 반칙을 하면 항상 사고로 되돌아온다. 우리나라에서 90년대 중반에 발생한 성수대교 붕괴사고, 삼풍백화점 붕괴사고, 2003년 대구지하철 참사, 2014. 4. 16일 꽃다운 학생들 포함 304명의 귀한 생명을 앗아간 세월호 참사, 필자의 기억에 남아 있는 대형 사고들이다. 시간이 흘러가면서 점점 우리들 기억에서 사라져 가겠지만 대한민국의 아픈 역사로 영원히 남을 것이다. 우리는 사고를 통해 많이 배우고 느끼고 재발 방지를 다짐한다. 아쉬운 것은 사고 나기 전에 원칙과 절차를 지켜서 사전에 방지해야 하는데 못하고 있다. 사고 후에 수선을 떨며 향후 대책을 어떻게 할까 고민들 한다. 반드시 우리 세대에 고쳐서 후배들한테 넘겨줘야 한다.

　원칙을 지키고 안전 규정을 준수하고 모든 위험에 대처하는 기본교육이 반드시 필요하다.

1994년 성수대교 붕괴 사진

PART 02 Safety(안전)

15 언어/신체 폭행 절대 금지

"노파심에서 당부 사항을 드립니다.

근로자 또는 외국인 관리자에게 언어폭력/물리적 폭행은 모든 현장에서 재고의 가치가 없는 위법 행위입니다.

본인의 불명예는 물론 현지법에 따라 형사 고발을 당할 수 있으며, 사안에 따라 구속 수감이 가능합니다.

특히 해외 현장에서 근무하는 경우라면, 한국인의 명예와 더불어 회사의 명예 실추도 동반합니다.

일부 어떤 한국사람 들은 다혈질이고 성에 안 찬다고 함부로 현지 관리자 또는 근로자를 무시하고 물리적 행사를 하는 경향이 있기 쉽습니다.

멕시코 근무 시절 필자가 탱크 설치공사 팀장을 할 때 같이 근무한 한국인 우리 직원이 현지인 관리자를 손으로 밀어 넘어지는 사건이 발생했는데 한국인 가해자의 구속을 방지하려고 많은 노력을 했던 기억이 납니다. 자국민 보호는 어느 나라에도 있습니다. 외국 현장에서 일하며 어려움을 당한 적이 몇 번 있습니다.

최근 칠레 현장에서도 한국인 작업반장이 작업자에게 물리적 행사를 해서 귀국 조치시킨 사례가 있습니다. 작업자에게 사과를 했다고 해도 때는 늦은 것이며, 발주처에서도 문제 삼고 있으며 노동조합에서도 반발이 심하여 사전에 결정해서 조기 진화를 할 수 있었습니다.

역지사지로 여러분이 다른 나라에서 또는 우리나라에서 근무할 때 폭행을 당했거나 인격적인 모독을 당했다고 생각해 보세요. 그냥 참고 넘어갈 수 있겠습니까?

내가 먼저 상대방을 존중해야 여러분도 대우와 존경을 받습니다. 장소와 문화는 달라도 인간의 기본은 세계 어디에서나 공통이라고 생각합니다."

빤호이
플랜트 이야기

나누고 싶은 이야기

왜? 안전, 안전인가.

안전을 강조한 이유는 사회적, 도덕적, 경제적 이유에서다.

'안전'을 관리해야 할 대상으로 보았던 과거의 관점에서 꾸준히 발전하여 최근의 사회는 '안전'을 성공적인 경영을 위한 핵심가치(Core Value) 또는 필수요소로 인식하고 있다. 다시 말해 안전을 관리한다는 소극적인 개념에서 더욱 적극적이고 포괄적 개념으로 '안전을 경영한다'고 말하기에 이른 것이다.

조직에서 성공적인 안전경영이 필요한 이유를 도덕적, 사회적, 경제적 측면의 세 가지 관점에서 정리해 볼 수 있다.

국제노동기구 ILO의 보고에 따르면 매년 2억 7천 건의 산업(Occupa-tional)재해가 발생하고 있고 이로 인하여 약 1억 6천만 명가량의 재해자가 생긴다고 한다. 그리고 2백만 명가량의 사람이 산업재해로 인하여 사망하고 있으며 이러한 사망, 부상, 질병 등의 산업재해로 인하여 세계 총생산량의 약 4% 정도의 생산액 손실이 발생하고 있다는 것이다. 이러한 기록은 순수하게 보고된 건만을 말한 것이지만 보고되지 않은 산업재해를 모두 고려하면 더욱 많은 사고들이 발생하였을 것이고 그중에서도 건설업은 사고의 위험성이 매우 높은 직종 중 하나로 분류되고 있다.

[도덕적 관점]

위의 통계적인 숫자가 사고의 규모나 크기는 보여 줄 수 있을지 모르겠지만, 단지 생활을 위하여 직업전선으로 뛰어든 사람들이 산업재해로 인하여 겪고 있는 고통이나 애환, 삶의 아픔을 얘기하지는 못하리라 생각된다.

산업재해로 인하여 재해자나 재해자가 부양해야 할 가족, 그리고 그의 동료들에게 미치는 고통과 영향은 이루 다 말로 표현할 수 없을 정도로 클 수도 있을 것이며 도덕적으로 용인될 수 없는 것이다. 따라서 사업주는 고용인들에게 고용의 대가로 임금뿐만 아니라 그들에게 안전하고 건강한 일터를 제공할 도덕적인 책임도 함께 부과되어 있는 것이다.

[사회적 관점]

사회적 관점에서 사업주는 국제사회와 해당 국가에서 비즈니스를 영위하기 위하여 안전보건환경에 대한 국제기준과 해당 국가의 요구를 충족하여야 한다.

안전사고 책임자는 벌금, 구속 등의 법적인 제재를 받게 되기도 한다. 대부분의 국가들은 이를 위한 법적 기준과 절차를 법률로 제정하여 강제하고 있고 기본적인 안전 보건환경에 대한 법적 기준은 꾸준히 강화되어 왔으며 앞으로도 더욱 강화될 것이다.

근로자들을 위한 통상의 안전 보건환경 기준이나 규정이 요구하는 사항을 크게 나누어 보면 기본적으로 안전한 작업장 제공, 안전 시스템, 안전한 장비와 도구의 제공, 안전하게 작업할 수 있도록 교육 제공, 역량있는 관리자와 관리감독 제공 등을 기본적으로 의무화하고 있는 것이다.

[경제적 관점]

"사고를 예방하는 비용이 사고가 발생 후 처리하는 비용보다 경제적이다"라는 경영적인 측면에서의 관점은 이미 여러 통계와 조사를 통하여 밝혀진 안전 이론 중 하나이다.

빤호이
플랜트 이야기

　사고와 질병은 반드시 비용 손실을 수반하며 경우에 따라서는 기업이 파산에 이르기도 한다. 산업재해 때문에 발생되는 비용 손실은 크게 "직접비용"과 "간접비용" 두 가지로 나눌 수 있다.

　산업재해로 인한 직접비용에는 치료비, 보상금, 수리비, 생산 손실, 벌금, 보험료 손실 등 대부분 측정이 가능하며 사고로부터 직접적으로 발생하는 비용을 말한다.

　간접비용으로는 사고조사, 근로자들의 사기저하, 사고 후 프로세스 등의 개선비용, 대체 인력의 채용/재교육 등에 소요되는 비용, 대외 신인도 하락, 기업 이미지 손상 등이 있으며 금액으로 환산이 어려운 경우도 상당 부분 있다.

　전통적인 재해손실비용 이론에서는 직접 손실액 : 간접 손실액을 1:4로 보아 왔지만 최근 사회에서는 재해로 인한 근로자들의 사기저하, 대외 신인도 하락, 기업이미지 손상 등에 의해서 금액으로 산출하기도 어려울 정도의 막대한 경영적인 타격을 받는 경우를 흔히 볼 수 있다.

[자료 출처: 상기 내용 중 일부는 RRC의 NEBOSH IGC 교육 교재에서 인용]

2 사고예방의 첫 번째는 강력한 리더십이다

무재해/무사고 현장의 성취와 바람직한 안전문화의 정착을 위하여 리더십, 구성원의 참여, 시스템과 프로세스 이 세 가지는 매우 중요한 요소라고 생각한다.

그중에서도 회사나 현장 Top 리더의 무재해 의지와 안전에 대한 서약, 즉 안전 리더십은 구성원들의 적극적인 참여를 이끄는 가장 강력한 동기가 될 뿐만 아니라 안전경영 시스템의 효과적인 운영을 보장하는 가장 기초적이고 근본적인 토대가 된다고 할 수 있을 것이다.

안전 리더십이 갖추어야 할 중요한 덕목은 리더십의 약속(Leadership Engagement)과 모범적인 실천(Leading by Example)이라고 말하고 싶다.

안전에 대한 서약은 Top에서부터 제일 먼저 시작이 되어야 한다. 그리고 리더십 약속을 위하여 최고 경영자는 무엇보다도 우선적으로 안전에 대한 Top의 의지와 메시지 그리고 안전에 대한 목표를 경영원칙, 정책으로 선언하고 전 구성원과 공유해야 하며, 안전 경영원칙은 반드시 최고경영자의 서명과 함께 문서화되어 구성원들이 쉽게 접할 수 있는 위치에 명확하게 게시가 되어야 한다. 또한 선언이 선언에서만 그치지 않기 위해서 경영자들은 반드시 정책의 이행과 안전성과에 대한 정기적/비정기적인 검토를 통하여 Top의 의지와 선언의 유효성을 점검하고 지속적으로 보완, 발전시켜 나가야 할 것이다.

그리고 리더십의 모범적인 실천을 위해서 Top 리더는 현장으로 나가야 한다. 직접 현장으로 나가서 현장 일선의 리더들과 근로자들을 만나야 한다. 만나서 그들이 어떤 일을 하고 있고 어떻게 일하고 있고 그들이 일하면서 느끼고 생각하고 염려하는 안전에 대해서 같이 공감해야

빤호이 플랜트 이야기

한다. 그래서 얼마나 Top 리더가 현장의 안전, 근로자의 안전을 중요한 가치로 여기는지를 립 서비스가 아닌 그들과의 소통을 통한 실천으로 보여 주어야 한다.

"진정한 리더십은 상부로부터의 부여가 아닌 하부로부터의 동의"라고 한다. Top 리더의 안전에 대한 진심 어린 약속과 모범적인 실천은 구성원 모두가 자발적으로 참여하는 바람직하고 강한 안전문화를 이끄는 데 있어서 그 어떤 화려한 안전 구호보다도 훌륭한 동기와 견인력이 될 것이라 믿는다.

칠레 태평양 연안에서 본 바닷새의 리더십

PART 02 Safety(안전)

3 안전은 우선순위(Priority)가 아니고 가치(Value)이다

"우선순위(Priority)"는 원가, 공기 등에 대한 압박에 따라 변할 수 있는 것이지만,

"가치(Value)"는 어떤 외부 압력에도 변하지 않아야 하는 절대적인 가치를 의미하는 것이다.

현장시공을 수행하다 보면, 특히 스피드를 주력 무기로 삼는 한국 건설업체의 특성상 우리는 수없이 많은 우선순위, 즉 Priority에 대한 선택과 결정의 순간과 직면하게 된다.

평소에는 한 사람도 예외 없이 모두가 입을 모아 당연히 안전이 최우선이라고 얘기들을 한다. 그런데 가끔씩….

특히, 당장 안전에 크게 영향을 미칠 것 같지 않은 안전규정이나 규칙을 잠시 생략하거나 또는 축소하여 실행했을 때 상당한 공기단축과 원가절감을 하게 되는 경우가 생기고 또 그 결정을 내려야 하는 상황과 마주하게 된다면…,

예를 들어, 하루 투입비용이 막대한 제작사 전문 기술자들이 긴급한 사안 때문에 현장에 투입될 때 규정에 따라 반드시 거쳐야 하는 안전교육을 생략 또는 짧게 마쳐 달라고 요구를 하거나 우선 현장의 급한 일부터 처리하면서 안전교육은 천천히 마치도록 하겠다고 뒤로 미루는 담당자들의 결정은 바로 안전을 최우선순위로 보지 않는 대표적인 사례 중 하나라고 볼 수 있을 것이다.

현장에서 흔히 겪는 또 다른 예를 한 가지 더 보자면, 오랫동안 준비해온 중요한 중량물 인양(Heavy Lifting)을 앞두고 매우 비싼 임대료의 인양장비와 수많은 사람들이 지금 인양작업(Lifting Work)을 기다리는데 아주 간단한 그렇지만 없어서는 안 될 중요한 인양 공구 하나가 검사 성적서가 없다거나 도비공(Rigger) 한 사람의 교육훈련 확인서를

빤쌤의 플랜트 이야기

사전에 미처 확인을 하지 못해 당장 작업을 할 수 없는 상황이 된다면 그래서 이것들을 해결하는데 어쩌면 며칠이 더 소요될지도 모르는 상황이 생기게 되고 또 상관으로부터 상당한 질책을 받을 상황에 처하게 된다면 그 업무 담당자에게 안전규정이나 규칙은 어떤 외부 압박에 의해서 우선순위가 바뀌어 버리는, 다시 말해 이 정도쯤은 괜찮겠지 하는 생각으로 안전규정/규칙을 간과 또는 축소, 생략해 버리는 경우를 종종 보게 된다.

이렇듯 안전은 어떠한 상황이나 외부 압박에도 반드시 지켜져야 하는 절대 가치가 되어야 하며 그러기 위해서는 프로젝트 리더들의 가치관과 모범적인 실천(Leading by Example)이 무엇보다도 중요할 것이고, 이를 통해 구성원들의 공통된 인식과 행동이 결정으로 자리 잡을 때 비로소 안전은 그 조직에 최고의 가치(Value)가 될 것이며 또 하나의 중요한 조직문화, 즉 핵심 문화로 정착될 것이다.

4 Safety Moment 생활화 - 항상 준비

"Safety Moment"를 한글로 번역하면 안전한 순간이다.

우리는 예전에 발생했던 사고를 통해 가장 쉽게 배우며 깨달음도 절실할 것이라고 생각한다.

안전에 대한 경각심 고취를 위한 일환으로 개인이 경험했던 안전사고, 직접 목격한 사고, 또는 세계 곳곳에서 일어났던 각종 사고를 공유하여 동일한 사고를 예방하자는 목적도 있고, 무엇보다도 전 구성원이 이를 통하여 사고에 대한 이해를 하고 우리의 마음과 정신을 바꾸자는 것이다.

건설현장의 안전뿐만 아니라 일상생활에서의 안전/건강 관련 정보/사고 경험 등 안전, 환경, 보건 관련된 어떠한 내용이든 "Safety Moment"의 소재가 될 수 있다.

사무실에서 모든 회의 시작 전에 또는 현장에서 작업 착수 전에 누군가 발표하여 순간에 하나의 사고를 공유하는 "Safety Moment" 문화가 자리 잡혔다고 보고 있으며 날로 확산되는 분위기를 본다.

요즘은 회의 시작 전에 "Safety Moment"를 세계에서 공통적으로 시행하고 있으며 날이 갈수록 "Safety Moment" 문화가 강하게 자리 잡고 있다고 필자는 느낀다. 여러분도 언제 어느 자리에서도 발표할 수 있는 "Safety Moment" 준비를 하기 바란다. 한국에서 노래방에 갔을 때 노래 제목과 번호를 외우듯 "Safety Moment" 몇 개는 항상 준비하기 바란다. 그것이 진정 준비된 자격을 갖춘 시공 담당자가 아닐까?

현장에서 많이 강조하는 안전 강령 "Safety Creed"

▶ 안전규칙을 쓰는 데는 1분이 걸린다.
    It takes one minute to write safety rule.

빤돌이 플랜트 이야기

▶ 안전회의를 개최하는 데는 1시간이 걸린다.
   It takes one hour to hold a safety meeting.

▶ 안전 Report을 준비하는 데는 하루가 걸린다.
   It takes one day to prepare a safety report.

▶ 안전 Program을 계획하는 데는 일주일이 걸린다.
   It takes one week to plan a safety program.

▶ 안전을 실행하는 데는 한 달이 걸린다.
   It takes one month to put it into practice.

▶ 안전포상을 획득하는 데는 일 년이 걸린다.
   It takes one year to win a safety award.

▶ 안전한 근로자를 만드는 데는 일생이 걸린다.
   It takes lifetime to make a safe worker.

▶ 이 모든 것을 파괴하는 데는 단지 1초가 걸린다……. 사고.
   It takes only one second to destroy everything in just…One Accident

주간 회의 시작 전 Safety Moment 소개

5 안전에 대한 나의 맹세

선진국이라는 캐나다 앨버타 주 북쪽 오일 샌드 현장에 근무하던 2015년 3월이었다. 약 15조 원의 투자비가 말해주듯 대규모 프로젝트로써 가로 11km 세로 12km 대지에서 땅속 모래에 묻혀있는 오일을 캔다. 캐나다 앨버타 주 북부는 '물 반, 고기 반'이라는 속담처럼 땅속에는 오일이 반 흙이 반이다. 오일을 분리해서 비투민(Bitumin)을 추출 생산하는 공장 건설에 참여했다. 매월 발주처와 협력사들의 현장 최고 책임자들이 모여 Executive Safety Summit을 워크숍 형태로 개최한다. 원어민들 영어라서 100% 이해를 난 못한다. 모두가 캐나디안이고 오직 필자 혼자 한국인이다.

귀를 쫑긋하고 집중해서 이 사람 저 사람 얘기를 듣고 약 50%나 이해했나? Key Word를 추려 대략 감으로 잡고 그렇게 약 6시간을 보냈다. 마지막에 모든 참가자들한테 "나의 안전 맹세문"을 적어서 벽에 붙이라고 한다. 처음 모인 자리인데 약 85명 모두가 작성하고 각 조별로 돌아가면서 발표하는 시간도 가졌다. 그때 작성한 나의 맹세문은 지금도 내 사무실에 부착해 두었다. 필자 또한 구성원들에게 안전의식을 바꾸기 위해 각자 작성해서 공유하자고 제안했다.

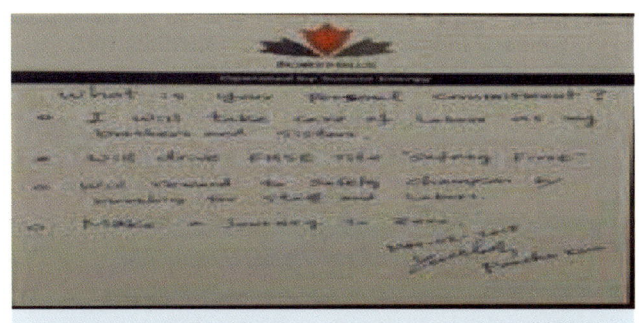

캐나다 오일샌드현장에서 작성한 나의 안전 맹세문

빤쪽의 플랜트 이야기

6 무재해 이야기

　근로자가 업무를 하면서 상해를 입지 않는 것으로 나라마다 규정은 약간씩 다르지만 통상의 국제기준은 사망 또는 24시간 이상의 병원 요양을 필요로 하는 부상을 당하지 않고 또는 질병에 걸리지 않는 것을 말한다. 무재해 시간의 계산 방법으로 이해를 돕자면 하루에 200명의 근로자를 동원하고 하루에 10시간씩 일을 해서 300일 동안 사고가 없으면 600,000 인시가 된다.

　각 현장, 회사에서는 무재해 시간을 안전사고 없이 몇 시간 달성했는지를 성과로 측정하는 지표(Index)로 삼는다.

HSE RECOGNITION CERTIFICATE
presented to
SK E&C
In recognition for the
66 MILLION LTI FREE MAN-HOURS

SK Engineering & Construction Co., LTD. is commended for the accomplishment of 66 Million LTI Free Man-hours achieved at TAKREER RRE - EPC - E1 Project on the 21st May 2014.

21 May 2014

Mr. Yousif Al Hameli
TAKREER - RRE – EPC – E1 – PMT Senior Project Manager

무재해 6,600 만 인시달성 인증서

7. 사고는 100% 사전예방이 가능하다는 확신을 가지는데 33년 걸렸다

우리가 건설현장에 종사하다가 다른 현장에서 또는 신문지상에서 뉴스를 통해서 중대재해가 발생하여 근로자가 사망했다는 소식을 듣거나, 또는 내가 근무하는 현장에 안전사고가 발생하면 나는 마음속으로 생각했다.

안 되었네, 안타깝네, 사고는 일어날 수도 있지, 어떻게 해서 그랬지? 수 없이 많은 현장의 작업종류와 일일 동원된 몇 백 명, 몇 천 명 혹은 규모에 따라 일만 명이 넘는 근로자들을 우리의 작은 인원으로 어떻게 모든 그들의 안전을 일일이 챙기고 보살필 수 있겠는가?라고 생각해왔다. 사고 발생 후 원인을 조사 분석하고 향후 대책을 작성하는 등, 예방보다는 사후 약방문 작성에 급급했다. 어리석은 일이었다. 여러분은 필자처럼 늦게 깨닫지 말고 즉시 확신을 가지기 바란다. 33년을 3년으로 줄여주기를 바라는 마음이다. 필자는 깨달음이 너무 늦었다.

"모든 사고는 100% 예방이 가능하다"라는 긍정의 마음으로 여러분 생각을 바꾸기 바란다. 여러분의 확신이 안전사고를 방지한다. 여러분이 마음먹기 달렸다고 확신하는 것이 가장 중요하다.

여러분이 먼저 확실한 믿음을 가지고 관리자와 근로자를 설득해야 한다.

어떻게 방지할 것인가? 현장 소장의 강력한 리더십과 끊임없는 교육이라고 생각한다.

플랜트 이야기

8 음악 이야기

음악이란··· *사랑을 전하는 신의 말씀*
살아 숨 쉬는 세상의 모든 생명체를 하나로 묶어주는 것.
Do you know what music is?
It is God's little reminder there is something else besides us in this universe.
Harmonic connection between all living beings everywhere, even the stars.

—— In the Movie "August Rush" -

영화를 보면서 Capture 했다. 참으로 정확한 표현이고 마음에 와 닿아서 구성원들과 항상 공유해 왔다. 독자 여러분들도 기억하고 음악을 더욱 사랑해주기 바란다. 음악을 좋아하지는 않아도 싫어한다는 사람은 못 봤다. 음악을 같이 하면 동료 간에 화합이 자동적으로 조성된다. 그래서 필자는 가는 현장마다 음악 밴드를 만들고 있다. One Team Spirit에 좋은 도구라고 생각한다.

음악은 인간이 알고 있는 가장 최대의 선(善)이며 우리가 땅 위에서 누릴 수 있는 천국의 모든 것이다. - 조셉 에디슨-

캐나다 현장의 Music band

9 우쿨렐레

　인터넷 검색하다가 우연히 알게 된 단어 우쿨렐레(Ukelele). 기타와 비슷한 현악기로 줄이 네 줄, 하와이 전통악기이며 작아서 휴대가 간편하다. 기타를 치면 금방 쉽게 배울 수 있다고 해서 궁금해서 기다릴 수가 없다. 현금으로 사면 더 싸게 살 수 있다 하여 인출하여 종로 낙원상가로 직행, 몇 군데 들러보고 하나를 샀다. 기타를 조금 할 줄 알아서일까 책을 보고 코드를 누르니 금방 할 수 있었다. 신기하고 재미있다. 며칠 후 다시 악기점으로 가서 200개를 주문했다.

　아부다비 현장 부임 직원들한테 공평하게 하나씩 나눠주려고. 여가시간에 배워서 휴가 기간에 가족들하고 즐거운 시간을 가지라고. 일부 열심히 연습하는 직원 중에 잘하는 사람을 모았고 밴드에 필요한 다른 악기를 사서 음악밴드를 구성했다. CALTOS라는 밴드를 만들어 퇴근 후 맹연습하고 현장 내에서 구성원들과 음악회를 성대하게 치르고, 두바이 한인회에서 주최하는 2012년 송년음악회에서 1등을 차지했다.

　17명으로 구성된 멤버의 국적은 한국, 필리핀, 방글라데시 우리 현장 구성원들이다.

　1등 해서 받은 상금 300만 원은 토목부문 암 투병 환자가 있다는 전사 게시판을 보고 칼 토스 멤버에게 기부하자고 제안, 만장일치로 가결, 지금은 고인이 되었지만 하루라도 삶을 연장했기를 바란다. 음악이 가져다준 하모니라는 선물 외에 부산물로 받은 상금으로 우리는 작지만 착한 일을 할 수 있었다. 도움이 되었다는 기쁨을 느낀 것도 모든 멤버의 작은 행복이었으리라 생각한다.

　나의 소망은 모든 악기를 다루고 연주할 수 있는 것이며 그러기 위해서는 악기점을 하나 운영하는 것이다. 모든 악기에서 나만의 음색을 만들고 찾아 혼자서 즐기고 싶다. 새로운 악기도 배우면서… 지금은 은은

빤츠의
플랜트 이야기

한 색소폰 배우기에 푹 빠져있다. 다음 목표는 아코디언이고 그다음은 팬플룻이다. 배워서 남 주랴?

기타 6 줄, 우크렐레 4 줄

PART 02 Safety(안전)

10 체험한 일상생활에서의 위험

- **욕조에서**

  칠레에서 미끄러운 욕조 바닥에서 넘어질 뻔한 아차사고(near miss) 경험. 샤워 욕조 바닥에 미끄럼 방지 테이프 붙이기

- **운전 중에**

  쿠웨이트 G 현장 얘기. 현장 순찰 운전 중 핸드폰을 사용하다가 전방 주시 부주의로 바리케이트를 쳐서 차가 찌그러짐. 바리케이드가 없었더라면 5m 구덩이로 들어갈 뻔한 위험한 사고. 운전 중에 절대 다른 일하지 말자고 다짐함.

- **침대에서 낙상**

  아주 오래전 잠결에 침대에서 바닥으로 떨어져서 머리를 다친 적 있음. 높은 침대일수록 더욱 위험하다고 생각함. 캐나다 숙소에서 근로자 1명이 침대에서 떨어져서 팔을 다쳐 병원에 간 것을 보았음. 침대가 무엇인지 모르고 살았던 어릴 적 고향이 참으로 안전했음.

- **요리 중에 부엌 사고**

  음식을 요리하려고 가스레인지에 올리고 깜박 잊고 다른 일에 몰두하는 아내, 몇 번인가 음식이 까맣게 타고 집안은 타는 냄새로 진동, 화재사고 아니라서 정말 다행. 가스보다는 전기 인버터가 더 안전하다는 생각을 했음. 많은 가정주부들이 느끼는 것 아닐까?

- **교통 신호 지키기**

  건널목을 건너다가 파란 불이 바뀌어서 건너가는데 갑자기 차량이 돌진. 나도 급하지만 운전자도 급한 모양. 조금 시간 여유를 가지고 건널목을 건너야 안전. 다치면 나만 손해.

빤돌이
플랜트 이야기

- **식중독 걸림**

  2016년 여름, 시장 식당에서 생선회를 먹고 식중독 걸려 밤새 잠 못 자고 배설, 처음 걸려본 식중독. "이렇게 죽는구나"라는 생각이 들었으나 다음날 오전 출국해야 해서 119는 안 불렀음. 다음날 비행기에서도 아무것도 못 먹고 죽을 뻔함. 이 사건 이후 절대 생선회는 안 먹음

- **골프공에 맞는 사고**

  뒤에 있는 동반 플레이어가 공을 안 쳤으면 절대로 앞으로 나가지 말자. 본인도 앞으로 먼저 걸어가다가 공에 맞음. "공"이라고 소리치는데 뒤를 돌아보다가 정통으로 맞은 사고로 안경이 먼저 떨어져 깨지고 안경테에 얼굴이 찢어져 피가 남. 병원에 안 가고 18홀 완료. 다음날 자고 일어나니 얼굴이 많이 부음. 가해자는 현재 근무하는 이 상무. 하지만 100% 나의 잘못임. 잊지 못할 2000년도 멕시코시티 마데이라스 골프장 10번 홀. 마지막 플레이어가 공을 칠 때까지 절대 앞으로 나가지 말자.

골프도 위험 하더라

아픈 기억들

1 나라에 따라 달라지는 생명의 가치

안전에 대한 우리들의 생각이 많이 바뀌었다. 선진국일수록 안전에 대한 의식이 후진국이나 개발도상국에 비해 높고 인간의 목숨 또한 더욱 중요하게 여긴다. 원래는 모두 숭고한 동등한 가치를 가지고 태어났는데도 태어난 장소에 따라 달라지는 현실은 슬픈 것이다.

1995년 태국에서 실제 발생한 일인데 우리 직원이 운전하여 순방향을 달리던 승용차에 역주행하는 오토바이가 들이받고 날아가면서 오토바이에 탄 두 사람이 즉사하는 안타까운 사고였는데 사고 당일 캄캄한 비 오는 밤에 한 사람 시체를 발견하고 다음날 낮에 또 한 명이 발견되어 두 명으로 확인되었다.

분명히 밤길 빗길에서 과속으로 역주행을 한 태국인들의 잘못이다. 유가족들의 말이 아직도 이해가 안 되고 너무나도 간단하다. 부처님한테 갔으니 행복할 거란다. 지구 상에 모든 사람의 목숨은 똑같은 가치일 텐데 나라와 문화에 따라 인명이 덜 중요시된다는 것을 처음 알았다. 불교국가라 하지만 너무 쉽게 말하는데 이해를 할 수가 없었다. 당시 1인당 한화 90만 원씩만 달라고 한다. 장례비로 그거면 된다고… 당시 우리끼리 얘기했다. 비싼 애완견 한 마리 값만도 못한 인간의 목숨 값이라고… 슬프다.

빤쌤의 플랜트 이야기

2 한 번의 사고로 일곱 명을 잃다.

[사전 예방 가능한 사고는 관리자 책임] – 발주처 최고 경영자의 말씀이다.

지난 금요일 발생한 교통사고 후속 조치 관련하여…

쿠웨이트에서 이라크로 가는 80번 고속도로에서 미니버스를 타고 휴일 쇼핑하고 오던 현장건설 장비기사 7명이 탑승, 운전기사의 과속과 졸음운전으로 전원이 사망한 사고가 발생했다. 사고 후 끔찍한 현장을 보았다. 사망자들은 경찰이 병원으로 이송해 갔고 현장에 남아있는 차량은 휴지조각처럼 찢기고 흩어져 있던 기억이 생생하다.

비록 필자가 관리할 수 있는 범위는 아니더라도 발주처 회장님 말씀대로 사전에 예방할 수 있었다면 경영자들 책임이라고 하는데 대해서, 현장 안에서든 현장 밖에서든 상관없이 최선을 다하라는 지시를 받았다.

필자도 장거리 운전을 하거나 식후 운전을 할 때 졸음운전을 한 적이 있다.

아차! 하는 순간인데 잠시 졸았다는 것을 깨우치고 정신을 차려보지만 오래되지 않아 또 졸려온다. 저뿐만 아니라 운전하면서 많은 사람들이 경험했으리라 생각한다. 특정 대상에게 오는 것이 아니라 운전하는 모두에게 불시에 닥칠 수 있지 않은가?

갑자기 밀려드는 졸음에 우리는 대처해야 한다. 국내에서도 가장 많은 교통사고 원인은 졸음운전이라고 들었는데, 남의 일만이 아니고 결국 나도 사고를 낼 확률이 높은 운전자의 한 사람이라는 것을 이 사고를 통해 깨달았다.

졸음이 오는 순간 무조건 갓길에 세우자. 이것이 내가 얻은 교훈이다.

　운전 중 졸음운전을 방지하는 특효약 이런 거 하나 발명하면 대박이 날 것 같은데 왜 아무도 개발하지 않을까. 세계적으로 수많은 목숨을 구할 수 있을 텐데...

커브길 과속 트레일러 전도

빤쿤의
플랜트 이야기

3 화재발생 보고

다음은 필자가 근무한 현장의 화재발생 보고서임.

"금일 오전 현장 북쪽 가설의 컨테이너 화재발생 보고 드립니다. 인명피해와 큰 물적 피해는 없었지만 어처구니없는 화재입니다.

- 시간: 2009년 3월 14일 오전 10:16
- 장소: 현장 북서쪽 가설 작업장
- 협력사: W 산업 / 계장 시공 담당
- 화재 원인
  : 식수 Cooler Support 설치하려고 Container 외부 Plate에 용접 중 컨테이너 안에 보관된 목장갑에 불똥이 튀어 화재로 발생
- 컨테이너 내용물
  : 작업용 목장갑 7,000개, 안전화, 작업복, 안전 헬멧, 가설용 Cable 소량 전소
- 대처
  : 화재를 발견 후 현장 내 물탱크 차량 동원하여 소화 시작하였으나, 강풍으로 인한 진화가 안 되어, 즉시 발주처 소방팀에 신고
- 발주처
  : 소방차 10:43경 도착, 12시 완전 소화 후 철수

인명피해는 없었으며, 향후 재발방지를 위한 각 업체별 안전교육 강화하겠습니다. 심려를 드려 송구합니다.

사고에서 얻은 교훈은 컨테이너 내부에 인화 물질이 있는 것을 확인하지 않고 용접을 시작한 것이 1차적인 잘못이고, 본 공사가 아닌 가설공사라고 관리자가 관리감독을 소홀이 한 것이라고 볼 수 있다. 모든 용접 작업과 산소절단 작업은 화재 발생의 직접적인 원인이 된다는 것을 잊지 말자.

PART 02 Safety(안전)

4 9월 13일 중대재해 발생 보고, 쿠웨이트 G 현장

"아래와 같이 당 현장의 중대 재해(사망사고) 발생을 보고 드립니다.
- 사망자: 인도인, Mr. Sreedharan, 41세, 기혼, 슬하에 2남(10세, 7세)
- 직종: 제관공
- 소속 협력사: N 회사(30" Manofold & 6" Incoming Flow Line 설치 현지 업체)
- 시간: 현지시간 2009년 9월 13일(일요일) 오전 11:20분경
- 작업내용: Incoming Flow line(6" Pipe) 설치 작업
- 사고 경위
 : 20m 길이의 파이프를 설치하는 과정에서 발생한 재해자 부주의로 인한 사고입니다. 불안정한 임시 지지목의 90cm 높이에서 재해자가 파이프를 본인의 어깨로 치고 임시 지지대 위에 고정되어 있던 파이프가 낙하하여 재해자의 머리를 가격하고, 재해자가 넘어지면서 동시에 바닥에 놓여있던 H-형강 철재 빔 모서리에 머리가 부딪혀 병원으로 이송 중 두부 과다출혈로 하여 12시경에 사망한 사고임.
- 사고 후 조치사항
 : 상황 발생 즉시 앰뷸런스 출동, 재해자 이송, 재해보고 절차에 따라 즉시 보고(to 발주처 및 본사), 주변작업 중지, 협력사 근로자 모두 현장 철수 및 바리케이드 설치
- 명일 조치 예정
 : 전 현장 작업중지 및 전 시공담당과 안전 직원의 안전점검 재실시 후 작업 재개 여부 결정 예정.
 금일 사고로 인해 당 현장 및 우리 회사의 명예에 누를 끼쳐 대단

빤호이 플랜트 이야기

히 죄송합니다. 어느 때보다도 중요한 안전사고 예방 시기에 발생한 중대재해사고에 사전 안전관리를 제대로 하지 못한 현장소장으로서 책임을 통감하고 있습니다. 남은 공사기간에 재발방지를 위해 최선을 다하겠습니다."

해외 현장생활 중 많은 사망사고를 목격은 했지만 필자가 현장소장을 하면서 발생한 첫 번째 사망 사고라서 더욱 잊을 수 없으며, 날짜를 잊을 수 없는 이유는 그날이 내 50년째 생일이었기 때문이다. 얼마나 울었는지 모른다.

죽은 자가 불쌍했고 막을 수 있는 사고였기에 안타까웠고 무재해 기록이 깨지는 것도 억울했다. 지금도 해마다 9월 13일이 되면 이 사람이 생각난다. 내 마음속으로 혼자 망자를 기린다.

사고 현장 주위에 흘린 피는 아직도 눈에 선하다.

잊을 수 없는 사고 현장 원유 집하시설의 Manifold 180개

5. 1월 25일 중대재해 발생 보고, 아부다비 R 현장

- **사고내용**
  - 금일(1.25일) 16:45 PM, 파이프 랙 상단에서
  - 협력사 "D" 소속 인도인(34세, 배관공)
  - 비계 설치 도중 추락으로 사망
  - 안전벨트는 착용하였으나 고리를 걸지 않았던 것으로 추정
- **조치 내용**
  - 사고 발생 즉시 본사 및 발주처 보고
  - 상세 조사는 목격자 진술과 현장 보존 기초로, 추후 경찰 조사 보고에 따름
- **향후 처리**
  - 시신 본국 운송, 유족 보상 문제 등 사후처리는 현지법에 의거 처리 예정
  - 협력사 및 근로자 대상 안전교육 재실시
  - 사고사례 공유

그동안 진행해 온 무재해가 1,300만 인시 달성 후 깨지고, 설 연휴 후 첫날 불행한 소식을 드려 송구하기 그지없습니다.

더욱 안전 교육을 강화하여 재발방지에 최선을 다하겠습니다.

회사의 안전보건환경 정책에 누를 끼쳐 거듭 죄송합니다.

전 구성원 사기저하 방지 및 지연된 공기 만회를 위한 배가의 노력을 하겠습니다.

다음은 사고 현장에 가서 확인한 사실이다. 일과가 끝나는 시간은 오후 5시. 4시 반부터 모든 근로자들은 현장에서 철수 준비를 한다.

빤호의
플랜트 이야기

　퇴근 15분 전이면 아무도 없는 현장인데 왜 그 높은 장소 파이프 랙에 혼자 갔는지 지금도 이해가 안 된다. 아무도 없이 보는 사람도 없이 약 24미터 높이에서 지상 7미터에 설치된 그레이팅으로 "퍽" 하고 떨어지는 소리에 지상에 있던 일부 근로자들이 소리를 듣고서야 사람이 추락한 것을 알게 되었다.

　본인이 현장 소장을 하면서 두 번째 발생한 사망 사고로 내가 죽는 날까지는 슬픔을 안고 살아가고 있다. 조상님과 선친의 기일을 잊지 않듯 해마다 1월 25일이면 나 홀로 묵념을 한다. 지켜주지 못해서 미안하다고…

　많은 사고들이 조금만 사전에 신경 쓰고 관리한다면 방지할 수 있는데 항상 사고 발생 후에 후회를 한다. 안타깝기만 하다.

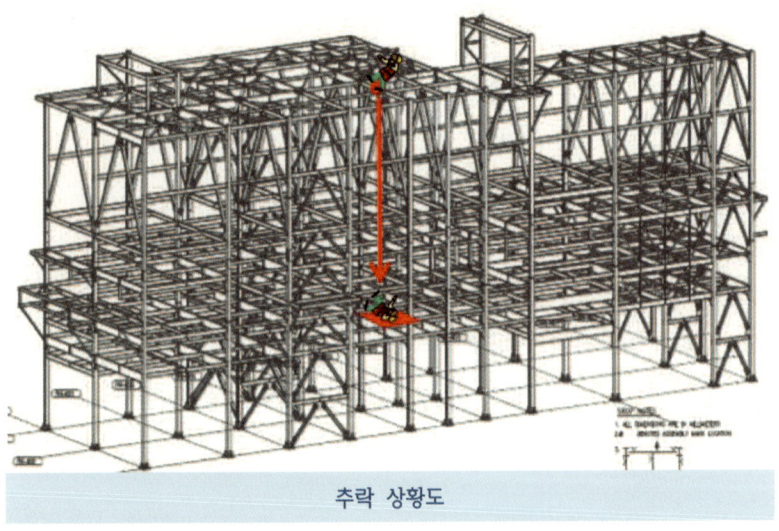

추락 상황도

6 60톤 크레인 전도사고 관련하여

　사전 안전예방을 운운하고 강조하면서 항상 사고 후 재발방지를 다짐하곤 한다.
　물론 사전에 우리 직원들이 발견하여 사전 조치해서 사고 없이 지나가는 경우도 많다. 보다 다른 시각으로 현장을 관리감독 및 관찰을 해야 한다.
　그냥 지나치고 있는 숙달된 상식을 지키는 것보다 더 중요한 것은 모든 사고 가능성을 사전에 예측하여 방지하는 능력을 키워야 할 때다.
　사고는 일어나면 돌이킬 수 없는 과거가 되고 말지요. 그렇기에 우리가 할 수 있는 것은 사전 예방뿐 할 수 있는 것이 없다.
　금번 7월 5일 발생한 크레인 전도사고는 사람 다치지 않는 것에 다행이라고만 할 수 없는 대형사고이며, 크레인 운전기사만의 실수라고 할 수 없다. 현장에서 일어나는 모든 사고는 어느 한 개인의 책임이 아니라 캐나다 F 현장 전 구성원의 공동 책임이다. 물론 경중을 따지자면 본인의 책임이 가장 크다.
　우리는 1차적 책임이 협력사라고 말할 수 있지만 발주처는 원청 계약자인 우리만 얘기한다. 모든 캐나다 오일샌드 회사들이 우리 한국 회사의 잘못을 기다리고 있다 해도 과언은 아니다.
　이번 사고의 원인을 한 번 분석해 보면 우리 직원들 어느 누구도 상세하게 체크하지 못한데서 기인한 것이며, 금번 사고는 제 자신도 사전에 감지하지 못했음을 인정한다. 선진국이니까 이런 사고가 나랴라는 생각은 꿈에도 못했다.
　우리 구성원에게 말했다.
　"여러분은 이 사고를 통해서 어떤 느낌을 가지셨나요? 재발 방지를 위한 여러분들의 각오를 한번 적어주세요. 각자 간단하게 작성해서 느

빤흔의
플랜트 이야기

낌을 서로 공유하는 시간을 가져 봅시다. 그냥 생각으로 그치는 것보다는 정리해서 적다 보면 무엇인가 확실히 다른 점을 발견할 것을 기대합니다. 우리 모두 거듭 나기를 부탁드립니다. 조속히 사고 수습이 되어 정상 조업할 수 있기를 바라며, 지연된 공정률 만회에 만전을 기해 주시고, 여러분 모두 침통해하지 마세요. 남은 기간 무재해를 위해 정진합시다. 우리는 할 수 있습니다. 그리고 반드시 해내야 합니다."

앞으로 넘어진 60ton 크레인

당부의 글

1 문제 발생 시 보고 요망

　업무처리 중 문제 발생 시 즉시 보고해야 합니다. 동일한 내용의 메일을 세 번째 발송합니다. 보고하지 않고 본인이 혼자 안고 고민만 하고 있다가 문제가 커지면 대처할 시간이 없고, 더욱 큰돈이 소요됩니다.

　문제를 보고 하지 않고 숨기다가 발주처에 발각되면 돌이킬 수 없이 신뢰를 잃게 됩니다. 한번 잃은 신뢰는 회복하기가 어렵습니다.

　세상 살아가는데 대인관계에서 신뢰가 첫째입니다. 발주처와 우리, 또는 우리 직원 상호 간에도 신뢰가 그만큼 중요하다는 것을 강조합니다. 모든 문제는 즉시 상사에게 보고 해서 조속히 처리될 수 있도록 해 주세요.

　현장은 시간과의 싸움입니다.

　더불어 도면, 자재, 인원, 장비, 그리고 사안에 따른 바른 결정, 문제를 밀어내려 하지 말고, 내가 직접 끝까지 챙긴다. 라는 주인 의식이 필요합니다. 사안에 따라 보고하는 범위를 넓혀주세요.

　담당자가 직접 해결하려다가 시간 놓치고 많은 돈으로 지불하는 경우를 많이 보아 왔습니다. 효과적인 일 처리 방법 중의 하나라고 생각되어 공유하고자 합니다. 문제는 가능한 한 빨리 보고하고 공유해 주세요.

　우리는 빠른 시간 내에 문제를 해결하려고 현장에 존재합니다. 순조롭다면 우리의 존재 목적 또한 없게 되겠지요. 한 번 더 당부드리고, 지시합니다.

　미 보고로 인한 후속 발생 문제는 전적으로 미 보고자에게 책임을 물을 것입니다. 보고를 하면 면책이 됩니다.

빤돌이
플랜트 이야기

2 슬로우건 24/36

배관 공정 지연사유를 분석해 보면 주원인은 도면, 자재, 협력사 인원동원 지연 등입니다. 설계, 자재가 현장의 요구조건에 충족시켜 주지 못하고 문제 있는 것은 압니다. 남의 탓으로 돌리기 전에 우리의 문제, G project 전체 구성원, 우리 회사의 작품임을 기억하시기 바랍니다. 우리의 능력입니다. 아니 우리의 한계라는 표현이 맞지요. 사전 준비가 중요합니다. 현실에 닥쳐 긴급을 최소화하려면, 충분한 사전 검토가 필요합니다.

즉, 여러분의 사전 파악 능력과 노력이 요구된다는 뜻입니다.

어차피 우리(본사 + 현장)가 해결해야 할 과제입니다.

본사와 현장 간에 반목 시 하고 서로 탓을 돌리게 되면 Project은 파멸입니다. 반목이야말로 가장 위험한 일이기에 여러분께 부탁드리고 당부드립니다.

가. 문제는 빨리 발견하고 Open 해서 같이 풀어갑시다. 우리는 문제해결사로서 현장에서 상주합니다.

나. 시공팀 간에 협력이 더욱 필요합니다. 토목, 철골, 기계, 배관, 전기, 계장, 보온, 도장 등 모든 공종은 밀접한 관계가 있습니다. 후속공정은 선행공정을 도와야 합니다.

다. 협력사를 많이 도와주시기 바랍니다. 역무 범위는 명확합니다만 찾아보면 우리가 도와줄 일이 많을 겁니다. 하도업체가 아니라 상생관계입니다. 하도급 업체가 아니라 사업 파트너입니다.

라. 안전사고 미리 예방 – 아무리 강조해도 지나치지 않습니다.

마. 끝으로, 할 수 있다는 신념을 가지는 것입니다. 24/36, G24 Project는 36개월에 완성하여 6개월 조기 준공하는 것입니다.

많은 제안과 건의사항을 기다립니다.

3 안전관리 책임은 시공담당한테 있다.

쿠웨이트 G 현장. 2009. 5. 4일

현장을 대표하고 안전관리 총책임자인 현장소장으로서 아래 안전관리 부장의 제언에 전적으로 동의합니다.

안전팀은 보다 더 강력한 현장 안전관리를 소망합니다.

안전을 무시한 공사는 인정할 수 없으며, 그 대상이 Korean Staff이라도 책임을 물을 것입니다.

안전관리 시스템 구축 및 절차서 확립은 안전팀 몫이지만 시행하는 것은 현장시공 관리감독자의 지시에 따라 협력사가 시행하는 것입니다.

안전 팀에서 볼 때, 불안전한 행동으로 시공이 방치된다면 즉각 작업 중지 조치를 내리세요. 날이 갈수록 위험요소와 근로자 수는 증가하고 있습니다.

안전사고를 동반한 Progress 달성과 그렇게 달성한 36개월 준공은 아무런 의미가 없음을 여러분 가슴 깊이 새겨주시기 바랍니다.

Subject: 현장 안전관리 철저 및 독려

연일 지속되는 Progress 달성에 노고가 많으십니다. 거기에 안전관리와 품질관리 또한 하시느라 더욱 힘든 줄 압니다.

그러나 현장은 여러분의 노고에도 불구하고 안전관리는 앞으로 전진하지 못할망정 뒤로 처지고 있는 실정입니다.

왜 이러한 현상이 발생하고 있는지는 여러분께서 제고해 주시기 바랍니다.

 – 그동안 여러분은 안전관리에 얼마나 많은 관심을 가지고 시공관리를 해 왔는지?

빤훈이
플랜트 이야기

- 당장 눈앞의 현실에 안전을 무시하지는 않았는지?
- 안전에서 요구하는 사항을 관심을 가지고 업체에 지시를 얼마나 했는지?
- 안전이 내가 할 일이 아니라고 생각하지는 않았는지?
- 안전에서 요청한 사항을 무시하지는 않았는지?

이 메일을 적는 본인 역시 반성을 하고 있습니다. 시공 공정률 달성만을 위해서 나는 너무 많은 타협을 하지 않았는지 말입니다.

결코 안전 규정을 준수하는 것이 우리가 달성하고자 하는 Progress에 역행을 하는 것이 아님을 말씀드립니다.

순간의 방심과 방관으로 일을 그르칠 수 있음을 우리는 잊어서는 안 될 것입니다.

결코 안전을 무시하고 달성한 현장은 그 누구도 여러분에게 잘 했다고 안 할 것입니다. 그러나 우리가 최선을 다했는데도 불구하고 발생된 사고에 대해서는 얼마든지 우리는 말할 수 있습니다. 제 스스로 여러분 입장에 서서 대변을 할 것입니다.

애기가 길어진 것 같은데 현재 현장에서 자주 지적되고 있는 사항 몇 가지 말씀드리자면 아래와 같습니다.

1) 굴착부위 바리케이드 일부 미설치 및 해체 후 방치(일부 깊은 굴착 부위는 경고로프가 아닌 단단한 바리케이드 설치 필요)

2) 각종 펌프 Shelter에 케이블 트렌치 주위 바리케이드 미설치(일부 깊이는 2m가 넘는 곳도 있음) (Water Pump Shelter/Test Pump/Feed Pump 등)

3) 고소 작업 시 일부 안전벨트 미착용 사례

4) 자재 정리정돈 및 작업장 주위 청소 불량

5) 일부 굴착구간 안전통로 부족

6) 트렌치 상부에 안전통로가 아닌 낱장 발판 거치 사용

7) 불량 비계 사용(Tag 없이 사용)

8) 인양 계획서 미 작성 사례(현장 모든 크레인은 Daily로 작성 비치하고 있음)

9) 소화기 점검기간 지나거나 일부 소화기 충진 부족 등

향후 안전 팀에서는 위 지적 사항 및 기타 안전 지적 사항에 대해서는 해당 작업 관리자 또는 작업반장(Foreman), 해당 안전규정 위반자에 대하여 3 Strike 규정에 따라 강력히 조치할 예정입니다. 이에 따른 작업에 지장이 발생하지 않도록 각 해당 업체에 지시하여 사전 안전관리를 부탁드립니다. 감사합니다. 안전관리부장 배상

건설중인 쿠웨이트 G 프로젝트

빤한이
플랜트 이야기

4 특별 House Keeping

현장 청결유지 및 정리정돈은 건설현장의 기본이며, 아무리 강조해도 지나치지 않는 것입니다.

많은 사고/재해의 원인이 정리정돈(House Keeping)에서 비롯되는바 재차 강조합니다.

현장 정리정돈이 안되면 작업 허가서를 발급하지 말 것을 지시했습니다. 매일 작업 종료 전 House Keeping 하는 것을 생활화합시다. 사고는 또 다른 사고를 몰고 오는 경우가 많습니다.

다시 한번 관심을 가지고 무재해 달성을 하도록 합시다.

발주처에서도 금번 교통사고 재해에 대해 무척 민감해 있는 상황임을 이해 바랍니다. 교통사고의 여파일 수도 있지만, 이제 약 2주일이 지난 혹서기 근무 중인데 발주처 안전에서 벌써부터 태클이 많이 들어옵니다. 각 공종 별 작업시간을 재점검 바랍니다.

철골, Shelter 설치 등 그늘막 없이 공사가 불가능한 공정은 협력업체들과 협의를 통해 시간을 조절하기 바랍니다.

집안에 손님이 올 때 청소하듯이, VIP 방문하면 현장은 더 깨끗해진다. 정리정돈은 현장의 얼굴이니까….

5 공동 목표

갑자기 여러분께 글을 쓰려하니 "시련은 있어도 실패는 없다"라는 말이 자꾸 생각납니다. 싫은 소리 잔소리 많이 했습니다. 발주처로부터 지적도 많이 받았습니다.

아슬아슬한 아차사고(Near Miss)도 있었습니다. 장거리 출퇴근, 모래 바람과 고온, 열악한 현장 환경에서 달성하였기에 더욱 값집니다.

8월 5일 자정 기준으로 당 현장 무재해 1천만 인시를 달성하였습니다. 여러분의 노고에 진심으로 감사드립니다. Safety의 큰 Milestone이고 우리 현장의 경사입니다. 발주처, 협력사, 근로자, 그리고 우리 모두의 공동 합작품이라 생각합니다. 1천만 인시 달성에 만족할 우리가 아니고 준공까지 가야 할 모두의 과제이지만 우리는 할 수 있다는 것을 중간에 증명한 것입니다.

8.5부 능선에 도달한 것입니다.

요즘의 중대 재해는 상상을 초월하는 Damage입니다.

그동안의 애쓴 모든 노력은 허사가 되고, 6개월 조기 준공한다 해도 빛이 바랠 수밖에 없습니다.

언제부턴가 모든 건설현장에서 안전제일이 되었습니다. 시대에 부흥해야지요.

앞으로 준공되는 내년 3월 말까지 더욱더 힘든 시기를 맞이할 것입니다.

서로 배려하고 남을 먼저 생각하며 공동 목표를 향해 노력한다면 조기준공과 무재해 준공은 반드시 이뤄질 것을 확신합니다.

우리의 명예는 우리 모두 같이 만들어 가는 것입니다. 해 봅시다.

훗날 G 현장에 몸담았었음을 자랑거리로 만듭시다.

거듭 감사합니다.

빤돌이
플랜트 이야기

6 준공 두 달 반 남기고 한 약속

먼저 열악한 환경 속에서 꿋꿋이 본인들의 소임을 다하고 있는 여러분들의 노고에 머리 숙여 감사 인사드립니다.

오늘 저는 잠시 시간을 내어 여러분들에게 저의 마음을 공유하려고 합니다. 우리가 24/36이라는 구호를 만들어 외치기 시작한 지도 2년이 지났습니다.

발주처, PMC, 현지 타 건설회사뿐만 아니라 심지어 우리 회사의 일부 구성원까지도 우리의 목표에 대해 황당함을 나타냈지만 저와 여러분은 한 번의 망설임도 없이 24/36을 더욱 외쳤으며 반드시 목표를 달성한다는 일념으로 지금에 이르렀습니다. 때로는 꼬여있는 문제 때문에 서로 걱정과 고민을 같이 하고, 어떨 때는 서로를 탓하며 짜증과 반목으로 보내온 시간도 있었습니다. 여러분도 느끼고 있겠지만 Turnover를 100여 일 남긴 지금 우리의 목표는 크고 작은 문제에 봉착해 있습니다.

제가 현장소장으로서 이러한 문제를 사전에 예측하여 대비하지 못하고 여러분들의 수많았던 고생을 헛되이 하고 상황을 지금에 이르게 한 것은 차마 입이 있어도 드릴 말씀이 없습니다. 100% 제 잘못임을 인정하며 그 결과에 대해서도 무한 책임을 질 것을 약속드립니다.

여러분, 저의 과오에도 불구하고 저는 회사와 여러분의 명예를 회복할 시간이 아직은 우리에게 조금 남아 있음을 느끼고 있습니다. 그래서 염치없지만 또다시 여러분의 노력을 부탁드리고자 합니다. 두 달 반입니다. 회사는 여러분의 땀방울을 기억할 것입니다. 저 또한 여러분에 대한 고마움을 평생 간직하겠습니다.

남은 두 달 반 동안 할 계획과 약속입니다.
- 24/36은 우리의 바꿀 수 없는 슬로우건입니다.

- 이제 부서별 책임 소재는 무의미하며, 잔여 업무는 모두 우리의 것으로 공동책임인 것입니다.
- 여러분은 아무것도 숨기지 말 것을 부탁드리고, 저는 아무리 어려운 문제도 해답을 줄 것입니다.
- 우리는 2,950만 불의 보너스와 6개월 단축으로 36개월 공기 준수를 바꿀 것입니다.
- 지원부서는 무한 Support 체제로 시공 부서를 지원할 것입니다. 스트레스를 풀 수 있도록 방안을 마련하겠습니다.

여러분의 노고에 다시 한 번 감사드리며, 어려운 환경이지만 건강은 스스로 지켜 나갑시다.

2009. 11. 22일 현장소장 배상

빤돌이 플랜트 이야기

7 사후약방문 하지 말자

- 일일 출력 근로자가 3,125명,
- 기계설치, 배관, 철골, shelter 설치 등 고소 작업 증가,
- Crane 51대 현장 작업 중
- 많은 구간 터파기로 인한 진입로 확보 지장

이러한 상황으로 안전사고 발생 위험은 날이 갈수록 더 높아갑니다.

사후약방문, 소 잃고 외양간 고치는 격 - 안전사고와 비교설명하기 좋은 말입니다.

중대재해 한 건 사고 발생하면 모든 노력이 물거품이고 허사임을 강조합니다.

담당자가 직접 안전을 챙기시고 관심을 가져 주세요.

어제 2건의 지적을 PMC로부터 받고 보니 할 말이 없습니다.

아무리 강조해도 지나치지 않는 것이 안전인 만큼 본인이 재차 당부합니다.

- 위험한 작업은 사전 시공 담당자가 점검
- Global Staff 현장 상주
- 안전담당도 현장 상주
- 불안전한 작업 시나 사전 안전예방이 안 된 경우 작업을 중지할 수 있는 권한을 부여합니다.

  (Global Staff, 안전담당 모두; 금일 13시 특별교육 예정)
- 자기 담당만 보지 말고 주위에 불안전한 환경이 발견되면 즉시 여러분께서 시정조치 바랍니다.
- 말로만 하는 Safety First는 의미가 없습니다. 항상 관심을 가지고 현장 Supervision 하십시오.
- 현장 정리정돈이 안되어 있으면 작업 허가서(Work Permit)를 발

행해주지 말라고 안전팀에게 지시했습니다.
- 안전수칙을 지키면서 공정률을 달성해주기 바랍니다.
- **안전일지 작성:** 실행 여부 검토 결과를 확인하니 저조합니다. 실망스럽습니다. 여러분 스스로 무슨 안전 활동을 하는지 검토 바라고, 본인이 매일 점검해서 Feed Back 하겠습니다.

다시 한 번 여러분의 현장 안전사고 사전예방을 부탁드립니다. 우리 모두를 위한 활동입니다.

빤초의
플랜트 이야기

8 2010년 서울팀 송년회식에서

사랑하는 R팀 시공 직원, 그리고 가족 여러분,

안녕하십니까? 제 이름은 빤초입니다. 방금 소개한 R Project 아부다비 현장의 Construction Director로 여러분과 같이 함께 현장을 운영할 사람입니다.

어느덧 경인년의 달력도 이제는 한 장이 남아 저물어 가는 한 해의 마지막을 되돌아보게 합니다.

우선 귀중하고 바쁜 연말 시간에 오늘의 모임에 참석하시어 자리를 빛내주신 우리 R Project 시공 가족 여러분들께 감사의 말씀을 드리며, 어떤 말로 시작하고, 어떻게 마무리해야 할지 많은 고민을 했습니다.

하지만 고민 끝에 얻은 나의 결론은 말은 그 어떤 미사여구보다도 내 느낌을 솔직히 담아 전달하는 것이 중요하다는 것을 이내 깨달았고, 지금부터 잠시 나의 마음을 있는 그대로 여러분께 전하려고 합니다.

사람들과 더불어 세상을 살아오면서 '이 사람은 내가 어떤 상황이어도 함께 있겠구나.' 이런 믿음을 갖게 만드는 사람이 있는데 여러분은 저에게 있어 그러한 사람들이며 이 점에 대해 항상 감사하고 고맙습니다.

세상은 혼자 사는 것이 아니지 않습니까?

제가 스스로를 믿기 전에 먼저 저를 믿어주시고 부족한 저를 따라주시는 여러분이 계셨기에 그리고 많은 분들의 도움으로 오늘 이 자리에 여러분 앞에 서게 되었습니다.

저는 지금까지 살아오면서 안 된다는 생각을 해 본 적이 없습니다.

어려움은 있지만 불가능은 없다고 확신하고 살아왔습니다.

그리고 최선을 다하는 마음으로, 내일 죽어도 여한이 없을 만큼 주어진 오늘, 하루하루를 후회 없이 보내왔습니다. 또 앞으로도 그럴 것입니다.

제가 오늘 여러분께 드리고 싶은 말씀은 제가 14년간 해외현장 생활을 하면서 느낀 점에 대해서입니다.

사랑하는 가족과 부모, 형제, 친구와 떨어져 타국살이 하는 어려움과 외로움에 대해서는 그 누구보다 잘 알고 있으며 나 또한 그렇게 그리워하며 살아왔답니다.

특히, 우리 직원 부인 여러분,

어려운 현장생활 역시 여러분의 남편에게 주어진 하나의 기회라고 긍정적으로 생각하시고, 가족들과 함께 멀리서 응원해 주시길 부탁드립니다.

그리고 제가 확신하건대, 50도가 넘는 중동의 더위와 눈을 뜰 수 없는 모래바람을 느끼는 그대들의 남편이야 말로 진정한 건설인이며 애국자입니다.

가족 여러분은 남편들을 충분히 자랑스럽게 생각해도 됩니다.

삭막한 현장생활을 보다 재미있게 보낼 수 있도록 최선의 노력을 다할 것입니다.

일 할 맛 나는 일터로 가장 좋은 현장으로 만들고, 누구나 좋아하는 최고의 공간으로 만들 것입니다.

우리 가족 분들께서도 남편들이 현장에서 열심히 일 할 수 있도록 많이 도와주시면 감사하겠습니다.

세상이 점점 좋아져서 지금은 4개월 만에 휴가를 갑니다.

길다면 길고 짧다면 짧게 느껴지는 순간입니다.

그 기간이 길게 느껴지더라도 남편을 위하고 우리 회사를 위하고 나라를 위한다고 생각하시고 조금 참고 사십시오.

지금 이 순간의 고생은 훗날 더 밝은 여러분의 인생을 약속할 것입니다.

빤돌이
플랜트 이야기

마지막으로,

오늘보다는 더 즐거운 내일이 되고, 올 경인년보다는 더욱 아름답고 행복한 신묘년 새해가 되길 기원합니다.

잠시나마 재미있는 시간이 되시고, 담소도 나누면서 서로 연락처도 주고받고 남편이 잠시 떠나 있는 시간에 부인들끼리라도 애환을 서로 나눌 수 있는 귀한 시간이 되시기 바랍니다.

이 자리에 계신 모든 여러분 사랑합니다.

하나 만 더, 오늘 이 모임은 최 사장님께서 특별히 마련해 주셨고, 감사함을 대신 전해 달라고 하셨습니다.

정유공장 건설현장 - 보온공사 중인 증류탑

PART 02 Safety(안전)

9 조금만 더 분발을

2013. 12월

최근 현장에서 크고 작은 사고와 심각한 안전 위반들이 연이어서 발생하고 있어 현장 Management는 물론이고 발주처, PMC 모두가 크게 긴장하고 염려를 하고 있습니다. 이런 배경에는 격무로 인하여 우리의 몸과 마음이 많이 지쳐있는 것도 이유일 수 있겠지만, 이것을 핑계로 모두의 안전의식이 느슨해지고 있는 것은 아닌가 다시 한 번 뒤돌아보고자 여러분께 아래와 같이 당부 말씀을 드립니다.

✓ 최근 약 2.5개월의 주요 사고 현황

- 9/16 디젤 차량 후진 중 전화기 부스 파손: 물적 손실
- 9/22 Hole boring 중 지하매설 케이블 절단: 물적 손실
- 9/30 크레인 후진 중 밸브 지지대에 충돌: 물적 손실
- 10/6 붐 트럭 운행 중 상부 비계틀과 충돌: 물적 손실
- 10/21 근로자 스테인레스 케이블 타이에 손 베임: Medical Treatment Case
- 10/26 비계 상부에서 미끄러져 허리 다침: First Aid Case
- 10/27 29m 상부에서 맥라이트(후레쉬)를 하부 사람들 주변에 떨어뜨림: Near Miss
- 11/25 벤차량 후진 중 충돌 사고: 물적 손실
- 11/27 근로자가 망치로 손가락 침: First Aid Case
- 11/27 근로자가 파이프에 걸려 넘어져 오른팔 골절: Restricted Work Case
- 12/1 근로자가 H-Beam을 밟고 이동 중 Beam 위에 넘어져 허리

빤흔의
플랜트 이야기

　　부상: RWC(Restricted Work Case)
- 12/1 근로자 Bolt Up 작업 중 손가락 낌: Medical Treatment Case
- 12/2 보온 근로자 기계에 손가락 낌: First Aid Case

> ✓ 현장 중대 안전위반 사항 ⇒ 주로 협력사에 의해 발생하나 우리 관리 감독자의 관리 미흡

- 안전사고 즉시 미보고 또는 은폐로 발주처의 신뢰 손상
- 작업 허가서 관리 부실 ⇒ 위조 Sign, 작성/첨부서류 부적격에도 작업 승인
- 밀폐공간(confined space) 작업 중 가스테스트 등 기록 위조
- 기밀시험(pneumatic test) 등 주요 위험작업들에 대하여 작업 계획 및 작업허가서 없이도 작업 승인
- 현장 정리정돈 불량하여 잦은 전도 사고가 큰 부상으로 이어짐
- 현장 관리감독 미흡 ⇒ 불안전행동/불안전상태 방치, 묵인

등 현장이 제대로 관리되고 있다고 보기 어려운 사항들이 최근 빈번하게 발생해 왔습니다.

하인리 법칙(Heinrich's Law)에서도 배웠지만 잦은 사고를 차단해야 큰 사고를 방지합니다. 위의 사고사례에서 보시는 바와 같이 조금만 관심을 가지면 방지할 수 있었던 사고들이 대부분이고, 설령 근로자의 실수에 의한 사고라 할지라도 그 배경에는 교육, 관리감독, 작업계획 부실 등 관리적 원인이 분명히 있었을 것입니다.

관리 소홀에 따른 안전사고에 대하여는 이유를 떠나서 책임을 물을 것입니다. 그동안 우리 모두의 땀과 눈물로 이룩한 안전에 대한 값진

성과들이 한순간의 부주의나 관리 소홀로 물거품이 되도록 내버려 둘 수는 없습니다.

R 현장 구성원 여러분!

우리는 지금 네 마리 토끼(원가, 스케줄, 품질, 안전)를 동시에 잡아야 하는 매우 어려운 상황에 처해 있습니다만, 다른 어떤 때 보다도 안전하게 우리가 목표한 임무를 수행하기 위한 여러분들의 지혜와 실천이 절실히 필요한 때입니다.

지금은 곧 쓰러질 듯이 피곤하고 힘들지만, 우리의 이 고생들은 머지 않은 훗날 분명히 보람된 추억과, 이 역경을 잘 헤쳐 나온 자신감과 자긍심으로 우리 마음속에 영원히 남게 될 것입니다.

여러분! 늘 건강 유의하시고 다시 한 번 여러분들의 안전에 대한 각성과 실천, 리더십을 당부 드립니다.

빤호이 플랜트 이야기

10 아부다비를 떠나면서

금일 발주처로부터 기계적 준공 확인서(Mechanical Completion Certificate)를 받았음을 기쁜 마음으로 여러분과 공유합니다.

그리고 이제 저 김인식은 2010년 6월 1일, 프로젝트에 합류하여 현재까지 4년간 "R Project Construction Director"로서의 역할을 마치고 새로운 임무수행을 위하여 6월 4일 본사로 복귀하게 되었습니다. 저의 새로운 임무는 캐나다의 오일샌드 프로젝트입니다.

다들 생각나시죠? CAL Together!

도전, 성취, 전설 "Challenge, Achieve, Legend"라는 슬로건을 걸고 시작한 우리 R Project는 2010년 10월 25일 현장의 첫 삽을 떴을 때, 2011년 11월 11일 크루드 칼럼(crude column)을 세우던 역사적인 그 날, 그러나 다음 해 1월 25일 추락사고로 소중한 우리 근로자 한 사람을 잃었던 순간도 있었습니다.

시간이 갈수록 때론 힘들고 지친 동료들이 프로젝트를 떠나가기도 하고, 전무후무한 대 기록인 무재해 6천6백만 인시를 달성하고, 남들보다 앞선 수전과 수압시험(Hydro test) 종료, Loop Test 종료에 이르기까지 우리의 마일스톤(milestone)들을 하나씩 달성한 기록 속에는 기쁨과 아픔을 함께한 우리의 모습이 담겨있습니다.

이렇게 여러분과 울고 웃으며 정이 듬뿍 들어버린 R Project를 떠나며 스스로 이런 자문을 해 보았습니다. R 현장과 함께 보낸 지난 4년여간, 과연 나는 행복하였는가? 하고 말입니다.

누군가 말했습니다. "행복은 적금이 아니다"라고.

흔히들 어려운 시간들을 극복하면 나중에 좋은 결과로 보상받는다고 말들 하지만, 사실 그렇게 고생하는 순간순간이 다 괴로웠다면 과연 마지막 행복감만으로 충분한 것일까요?

PART 02 Safety(안전)

저 스스로는 물론이고 함께하는 구성원 여러분과 힘든 가운데에서도 하루하루 즐겁게 살아가려고 애를 썼던 기억이 납니다.

CALTOS와 CALSAXO 같은 현장에서의 음악 활동이 그 일환이겠지요.

지금 행복해지려고 노력하는 것이 미래에 다가오는 행복을 더 크게 만든다는 것을 믿었기 때문입니다.

훗날 언제 어디서고 우리가 다시 만나 R 프로젝트에 대한 이야기를 하게 된다면, 우리 모두에게 그때가 참 좋은 시절이었노라고 추억하기를 소망합니다.

사랑하는 사람들을 멀리 고국에 두고 늘 그리움과 기다림 속에서 보낸 황무지 사막 위에서의 우리의 젊은 시절이 결코 헛됨이 없이 앞으로 회사와 우리 모두의 성장에 큰 밑거름이 될 것임을 저는 확신합니다.

저 역시 부족한 리더로서 힘든 때가 있었지만, 그때마다 나를 일으켜 세워주고 잘 따라 주었던 동료 여러분들께 진심으로 감사함을 전합니다.

그리고 우리가 함께 한 가슴 뜨거웠던 추억들을 여러분 이름 석 자를 내 죽는 날까지 가슴에 새기고 기억하겠습니다.

아직은 힘들고 위험한 마무리 일과 시운전이 좀 더 남아 있습니다. 후임 현장소장 조 위원님과 PM인 김 위원님을 중심으로 똘똘 뭉쳐 사고 없이 프로젝트를 무사히 마치고 모두 안전하고 건강하게 복귀하시기 바랍니다.

다시 한 번 여러분들의 건투와 가족들 모두의 행복을 기원하며 이만 현장 이임 인사말로 대신하겠습니다.

감사합니다. 사랑합니다.

빤촌의
플랜트 이야기

멕시코에 건설했던 깐따렐 질소 생산 공장

11 캐나다 출장기

지난 8년 동안 중동 생활을 하고 오랜만에 북미에 왔다. 내 인생에서 처음으로 캐나다 밴쿠버라는 태평양 연안에 도착했다.

캘거리로 갈아타고 오후 6시 반 도착. 해는 중천에 있다.

매년 7월 1일은 Canada Day로 휴일이란다.

밤 10시 반이 되어서야 해가 진다.

15시간의 시차(Jet leg)로 한숨도 못 자고 뒤척이다가 6시에 침대에서 빠져나왔다. 최고로 좋은 계절이라고 한다. 새벽 네시 반이 되니 바깥이 환해진다.

아침 간단히 먹고 사무실 출근, 점심은 베트남 쌀국수. 물가가 비싸다.

휴일 다음날이라서 현장 가는 Sunjet 비행기가 오후 4:20분이 가장 빠른 거다. 캘거리에서 북쪽으로 800km. 발주처 전용 제트기이다.

오일샌드 지역에 있는 Firebag 공항에서 비포장 길을 한 시간 반 버스 타고 가니 Fort Hills Gate 6가 보인다. 이곳이 내가 2년 반 살 곳이구나. 설렌다.

안전교육받고 출입증 받고 방 배정을 받는다.

시설은 대단히 양호하다.

어느새 창살 없는 감옥이라는 단어가 떠오른다. 펜스(Fence)는 없다. 사방이 큰 나무들로 우거진 삼림이라 갈 길도 없다.

현장은 일반주민이 사는 곳과는 90km 떨어져 있는 산림 한가운데 고립되었고, 벌목하고 땅속에 있는 샌드에서 오일을 분리하는 공장을 짓는다.

먹는 것은 불편함이 없다. 뷔페식으로 양은 충분하다. 한 달 내내 거의 똑같고 화요일에만 스테이크 특식이라고 한다. 김치 없는 것은 참아야 한다. 중동 생각이 난다.

빤호의
플랜트 이야기

맥주 한 모금 할 곳이 없다. 민가에 90km를 가야 한다. 반입하다 걸리면 개인은 물론이고 회사도 추방이란다. 절간에 온 기분? 체질 개선해야 하나?

현재 1,500명의 사람들이 가설 캠프에서 산다. 캠프를 더 증설하려 한다. 대부분 캐나디안이고, 한국 사람은 나를 포함 7명.

근로자, 관리자, 남녀의 구별이 없다. 화장실만 구별, 공사현장에 웬 여자가 이렇게 많은지... 대부분 건설장비 운전기사란다.

입사지원서에 성별과 나이를 적는 공란이 없단다. 확실한 남녀평등 나라라고 생각했다.

주변 부대시설을 둘러보았다.

실내 배구 겸 농구장, 탁구, 당구, Dot Game, 극장, 고장 난 2개의 스크린 골프, 카드 게임 테이블, 독서실, 회의실.... 내화재를 사용하는 임시 시설물들이 대단히 잘 지어졌다. 선진국이라는 것을 쉽게 느낄 수 있다. 안전 최우선이 보인다.

숙소에 책상은 있는데 의자가 없다. 근로자들이 싸워서 모든 방에 있던 의자를 가져갔단다.

1인용 침대, 옷장, TV, 책상, 화장실, 샤워실, 에어컨, 보아하니 마실 물이 없다.

무선 인터넷은 연결과 끊김을 반복한다.

여가시간에 색소폰, 기타 치고 노래할 곳이 없다.

비상사태! 다시 중동 R 현장이 그립다.

어떻게 우리 구성원한테 일할 맛 나는 일터를 제공할까? 답이 안 나온다. 며칠 더 두고 봐야겠다.

무슨 재미를 가질까? 나도 직원들도...

저녁 먹고 임시 사무실을 둘러보았다. 대부분 칸막이가 되어 개인 사무실이다. 다른 나라에서 사용했던 탁 트인 사무실이 아니고 대부분 독방생활이다.

　해외현장 생활 20년 만에 직접 손으로 세탁을 했다. 지금까지 모든 해외현장에서는 세탁을 3국인 시켜서 해 왔는데... 중동이 또 그리웠다. 60 나이 될 때까지 내가 빨래를 해야 하다니... 싫었다.

　공용 자동세탁기가 있는데 익숙하지 않다. 속옷과 양말은 날마다 이렇게 샤워할 때 세탁해야 할 모양이다. 어제 못 잤으니 해지는 11시에 잠을 청했다.

　선잠 자다가 눈 뜨니 2:22분.

추위는 볼 수가 없다.
캐나다 북부 겨울의 오일샌드 현장, 쌓인 눈만 보인다.

빤쌤의
플랜트 이야기

12 진인사 대천명

본인이 여러분께 당부드리고 싶었던 내용을 글로 적어 봅니다. 말 주변이 없어서 확실하게 전달하고자 썼습니다. 읽을 테니 들어보세요.

"추억이 만들어지는 것은 극한 상황을 많이 겪어야 많이 만들어지고 할 말도 많아지는 것 아닌가요?"

"성공한 사람들의 말, 끝까지 포기하지 않고 모두 이겨내고 참았다. 모두 그렇게 말합니다.

때가 지난 후회는 의미가 없으며, 할 수 있을 때가 지금 뿐입니다.

여러분, 누군가가 여러분이 하는 일에 죽기 직전까지 최선을 다 했냐고 물으면, Yes라고 대답할 수 있기 바랍니다."

제 자신에게도 주문하는 말입니다. 저의 좌우명이 진인사 대천명(盡人事 待天命)입니다.

고생이라는 단어는 추상명사 일뿐, 느낌은 없는 것이고, 인생에 반드시 필요한 약 아닌가?

진정한 행복은 고생 과정과 고생을 이겨낸 끝에서 온다.

여러분 개개인 모든 조직에서, 반드시 필요한 구성원이 되세요.

여러분끼리 서로서로 많이 도우세요. 비싼 음식은 아니지만 잠시나마 즐거운 저녁이 됩시다.

진인사 대천명(盡人事 待天命), 이것은 중학생이 되었을 때부터 필자의 좌우명으로 사용하고 있는 단어입니다.

13 새해 핵심 단어

본인이 선택한 2016년을 위한 10개 핵심 단어입니다.
- 개인 존중(Respect for individuals)
- 투명성(Transparency)
- 사랑과 열정(Love and passion)
- 신뢰(Trust)
- 같이(Together) : One team one spirit
- 안전(Safety) RIF 0.52, Journey to Zero
- 공기 준수(Schedule) SECOM 1706!
- 원가(Cost) AOS 25!
- 품질(Quality)
- 철저한 마무리, 확실한 시작(Finish strong, start strong!)

"Merry Christmas and Happy New Year" for you and your family.

필자가 사용했던 2015년 연하장 사진

빤돌이
플랜트 이야기

14 SMART-150 선포하면서...

엊그제 신년인사한다고 메일을 발송하고 연하장을 보냈는데 벌써 정월의 마지막 날입니다.

- 프로젝트를 돌아보면 시공 공정률 40%도 못 미치는 39.7%, 계획 대비 3% 지연된 것이죠. 여러분 모두 느끼겠지만 매우 심각합니다.

설계와 구매 탓이라고 할 수 없으며, 초기 스케줄 작성이 잘못된 것만은 아닙니다. Project Milestone을 지키지 못해서 발주처로부터 기성 수금을 못하여 자금수지는 더욱 악화되고 있습니다.

- 안전사고는 1월에만 18건입니다. 이 중 6건은 칠레 규정으로 Lost Time으로 분류되기도 했습니다.
- 작금의 협력사의 타절/교체 사태 또한 어려움을 더욱 가중시키고 있습니다.
- SF는 인원동원을 제때 못하고 토목공사가 지연되어 후속 공정에 영향이 심화되고 있습니다.
- BF는 인허가 문제로 바다 배수공사가 중단되었습니다.
- 예상치 못한 협력사 작업자들의 불법 파업도 겪었습니다.

이와 같은 장애를 극복해야 할 때이며, 그 결과 SMART 150을 고민하기에 이르렀고 여러분의 동참이 필수라는 것을 당부드리고자 합니다.

쉽게 이뤄지는 것은 없습니다. 고통분담의 시간이 필요하며 지금이 바로 시작해야 할 때입니다.

지금 때를 놓치면 회복할 기회마저 잃게 된다는 것을 우리 모두 깊이 깨달아야 합니다.

작년 5월부터 아침마다 TBM 이후에 외치는 슬로건이 허공에 외침이 아니기를 바라며, 우리 자신과의 약속이어야 하며 반드시 성공해야 합니다.

오늘 여러분이 작성하고 발표한 타킷(Target)을 반드시 지켜주세요.

여러분 상호 간에 보다 더 가까운 커뮤니케이션이 필요하고 Tight 한 코퍼레이션이 필요합니다. 혼자서는 절대 할 수 없습니다.

공동의 목표와 공동 책임이라는 것에 동의하시기 바랍니다.

지금부터 5개월 후인 6월 30일에 우리의 모습을 그려 봅시다.

향후 150일이 RD 현장의 성패를 좌우한다는 저의 의견에 동의하지 못하신 분 있습니까?

감사합니다.

SMART 150 Campaign (01.Feb – 30.June. 2017)
Safety **M**indset **A**chieve ou**R** **T**arget 150days

빤ᄎᆞ의
플랜트 이야기

 지식 공유

1. 하인리히 법칙(Heinrich's Law)

건설현장에서 아차사고*(near miss) 등 Incident가 자주 발생할 때 중대재해 예방에 많이 응용되어 초기작은 사고부터 단절하자는 하나의 원칙이므로 모두 알고 가자.

큰 사고가 일어나기 전에 반드시 유사한 작은 사고와 사전 징후가 선행한다는 경험적인 법칙이다.

1931년 미국 보험회사에서 근무하던 하인리히는 수많은 산업재해 자료를 분석한 결과 의미 있는 통계학적 규칙을 찾아냈다. 평균적으로 한 건의 큰 사고(major incident) 전에 29번의 작은 사고(minor incident)가 발생하고 300번의 잠재적 징후들(near misses)이 나타난다는 사실이다.

이에 따라 하인리히 법칙을 흔히 '1 : 29 : 300의 법칙'이라고도 한다.

1 / 29 / 300

PART 02 Safety(안전)

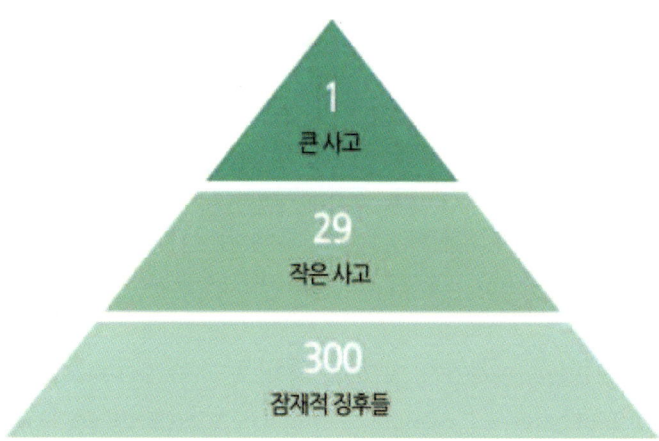

한마디로 대부분의 대형사고는 예고된 재앙이며, 무사안일주의가 큰 사고로 이어진다는 것이다. 오늘날 하인리히 법칙은 공사현장 등에서 자주 발생하는 산업재해는 물론이고, 각종 개인 사고, 자연재해 및 사회경제적 위기 등에도 널리 인용되는 법칙이다.

손실이 발생하지 않는 사고 또는 규모가 작은 사고라고 해서 무시하지 말고, 즉시 차단하여 큰 사고를 예방 하자는 의미이다. 건설현장에서 안전사고 예방을 담당하는 여러분은 모두 하인리히 법칙 하나는 기억 하자.

* 아차 사고(Near Miss): 이벤트가 생겼으나 인적/물적 손실로 이어지지 않는 사고

빤돌이 플랜트 이야기

2. 이것만은 기억하자: 생명을 구하는 10가지 황금 규칙

- 작업허가서를 받고 작업하시오.
  Work within the Work Permit System
- 모든 작업 전에 위험한 에너지로부터 차단되었는지 확인하세요.
  Verify Isolation of Hazardous Energy Before any Work begin
- 높은 장소에 올라가서 일할 때 낙하 및 추락 방지하세요.
  Protect yourself against a fall when working at height
- 마약과 알코올 금지 원칙을 준수하세요.
  Follow the drug & alcohol policy by arriving "Fit for Duty"
- 허가기관 승인 없이 안전 하중을 초과하지 마세요.
  Never override or disable safety critical equipment without authorization
- 땅을 파기 전에 허가를 받으세요.
  Obtain proper authorization before ground disturbance activities
- 도로에서 안전 운전 규정을 따르세요.
  Follow safe driving rules of the road
- 안전보호 장구는 반드시 착용하세요.
  Use proper Personal Protection Equipment (PPE)
- 고압전류 주위 작업은 허가를 받으세요.
  Only work on or near high voltage equipment with proper authorization
- 산소가 부족하거나 밀폐된 작업공간에 들어가기 전 허가를 받으세요.
  Obtain authorization before entering a confined space

3. OSSA(Oil Sand Safety Association) 소개

캐나다 오일샌드 현장의 안전 규정으로 Oil Sand Safety Association 약어이다. OSSA의 생명을 구하는 원칙은 2014년에 10가지에서 7가지 원칙과 12가지 보조 규칙으로 변경되었는데 소개하면 아래와 같다. 알고 보면 아래에 소개한 19가지 생명을 구하는 원칙은 오일샌드 현장에서만 해당되는 것이 아니라 모든 플랜트 건설현장에 적용할 수 있는 Rule이다. 안전의 기본이 되는 규칙으로 암기하고 다니자.

OSSA's 7 Life Saving Rules

특기사항으로 아래의 7가지 원칙을 위반하게 되면 Suncor에서는 사고로 규정하고 일반 사고와 똑같은 사고조사 및 대책 수립의 절차를 이행하도록 규정하고 있다.

1) 유해가스나 산소결핍 등의 위험에 노출될 가능성이 있는 밀폐공간 출입(또는 작업)을 위해서는 반드시 사전 허가를 받을 것
2) 추락의 위험이 있는 고소작업(높이 1.8m 이상) 시는 반드시 추락 방지 보호구를 착용할 것
3) 작업허가가 요구되는 작업 시에는 반드시 사전 작업허가를 득한 후 작업할 것
4) 작업 전에 반드시 위험 에너지(전기, 압축공기, 유해가스, 화학물질, 등) 차단 여부를 확인하고 호흡용 보호구, 절연 보호구 등 적절한 보호구를 착용할 것
5) 잠금장치, 차단기구, 비상정지장치, 경보장치 등의 안전장치를 제거하거나 중지시켜야 할 필요가 있을 때는 반드시 사전 허가를 받을 것

빤돌이
플랜트 이야기

6) 작업이나 운전 중에는 불법/오남용 약물과 음주 금지
7) 운전 중이거나 작동중인 중장비의 위험 반경 내에서 작업 시에는 반드시 사전허가를 받고 관련 절차를 준수할 것

OSSA's Supplemental Life Saving Rules

1) 운전 중 안전벨트 착용
2) 규정된 장거리 이동 수칙 준수
3) 낙하물 예방
4) 이동/운전 중인 장비로부터 안전거리 유지
5) 굴착작업 전에 반드시 작업허가를 받을 것
6) 밀폐 공간/환기불량개소에서 작업 시 반드시 가스(산소) 측정 실시
7) 침수/익사 위험 작업 시 반드시 구명 보호구 착용
8) 인양 작업 시 규정된 계획과 절차 준수
9) 인양 중인 화물(인양물) 하부로 출입 금지
10) 운전 중 전화기 사용금지
11) 고압선 하부나 인근에서는 규정된 안전조치 없이 작업 금지
12) 지정된 장소 이외에서 흡연 금지

4. OSHA에 대한 소개

OSHA(Occupational Safety and Health Administration : OSHA)는 많은 국내외 현장에서 기준으로 삼거나 참고하는 글로벌 스탠다드(규정)이다.

[1970년에 미 연방 정부는 직업 **안전** 및 보건 법령(Occupational Safety and Health Act)을 제정함으로써 산업체들에게 특정한 안전기준을 부과하는 **행동**을 취하였다. 이 법령에 의해 정부기관이 만들어졌는데, 이 기관은 미국 노동성 산하의 직업안전 위생국(Occupational Safety and Health Administration : OSHA)이다.

OSHA는 안전 프로그램들의 실시, 위생 및 안전과 관련된 기준들에 대한 새로운 설정과 기존의 잘못된 기준들을 폐기, 기업체 감찰, 프로그램들에 대한 조사, 질병 및 **상해**의 발생 비율에 대한 계속적 감시, 소환장 발부, 벌과금(**罰科金**)의 산정, 안전기준을 지키지 않는 고용주에 대해 적합한 행동을 취하기 위한 법원에의 청원, 안전훈련의 제공, 상해 방지 컨설팅 제공, 위생 및 안전에 관한 통계 데이터베이스의 관리 등을 수행하고 있다(Goetsch, 1996). OSHA는 일반 산업체뿐만 아니라 건설, 농업, 해양 부분과 같은 특수한 산업체에 대해서도 **안전기준**을 발간하고 있다(Department of Labor, 1993).]

[네이버 지식백과] OSHA [Occupational Safety and Health Administration] (산업안전대사전, 2004. 5. 10., 도서출판 골드)

5. 사고종류를 보자(협착, 추락, 전도)

일터에는 근로자의 생명과 건강을 위협하는 다양한 위험요소가 잠재해 있으며, 이는 오래전부터 근로자들의 안전을 위협하고 있는 요소에서부터 새로운 과학문명의 발달에 따라 생기는 화학물질 등에 의한 직업병까지 다양한 형태의 위험이 존재한다.

그중 협착, 전도, 추락재해는 전통적 유형으로 재래형 재해라고도 하며 산업현장에서 재해의 약 절반을 차지하고 있으나, 안타깝게도 좀처럼 줄어들지 않고 있다.

최근 3년간 우리나라의 산업재해 통계에 따르면, 산업현장에서 협착, 전도, 추락으로 재해를 입은 근로자 수는 모두 13만 1,029명이며 이중 1,873명이 사망하는 것으로 나타났다.

한 해 평균 4만 3,676명이 재해를 입고, 624명이 사망하는 것이다. 특히, 협착, 전도, 추락재해의 재해 점유율은 49.4%에 이르고 있어 산업현장 재해의 절반 정도가 이들 재해로 인해 비롯되는 것으로 분석된다.

따라서 정책적인 지원과 더불어 개별 사업장에서도 협착, 전도, 추락재해 등 3대 재래형 재해를 줄이기 위한 노력이 필요하다.

산업현장에서 발생하는 이들 3대 재래형 재해의 유형과 발생원인, 대책을 살펴보기로 하자.

* **발생빈도 최대, 협착재해**

'협착재해'란 기계의 움직이는 부분 사이 또는 움직이는 부분과 고정부분 사이에 신체 또는 신체의 일부분이 끼이거나, 물리거나, 말려들어감으로 인해 발생되는 재해 형태를 말한다.

산업재해 현황을 보면, 전체 재해유형 중 협착으로 인해 재해를 입은 근로자는 전체 재해자의 17.6%를 차지해 총 1만 5,881명이 재해를 입은 것으로 나타났다.

빤흐이 플랜트 이야기

이는 전체 재해 중 약 20%로 제조업에서 가장 많이 발생한다. 협착 재해는 근속연수가 짧을수록 많이 발생한다.

3년간 협착 재해자를 근속기간별로 분류한 결과에 따르면 6개월 미만의 근로자가 전체 협착 재해자의 절반인 50.3%를 차지했다.

* 청소, 청결로 전도재해 예방

'전도재해'란 사람이 평면 또는 경사면에서 미끄러지거나 넘어짐으로 인해 발생되는 재해 형태로, 인간이 직립보행을 하면서 필연적으로 발생하게 되는 대표적인 재래형 재해이다.

산업재해 현황을 보면, 전체 재해유형 중 전도재해가 18.0%(재해자수 : 1만 6,231명)를 차지해 가장 많이 발생한 것으로 나타났다. 일반적인 재해는 불안전한 행동에 기인하는 경우가 불안전한 상태에서 기인하는 경우보다 많으나, 전도재해는 미끄러운 바닥을 청소하지 않거나 작업장 정리정돈을 하지 않아서 생기는 경우가 훨씬 많다.

* 건설재해 절반, 추락으로 사망

산업화에 따른 건축물의 고층화, 전기, 기계설비의 대형화 등에 따라 추락재해는 증가 추세에 있고, 지금도 산업현장에서 흔히 발생하고 있는 재해유형이다.

이러한 추세에 따라 추락재해는 전체 재해자의 13%, 추락 사망자는 전체 사망재해자의 17.4%, 특히 건설업의 경우, 추락재해 사망자가 전체 건설재해 사망자의 약 절반을 차지한다.

산업현장에서 발생하는 추락재해의 특징을 살펴보면, 건물 한 층 높이인 3m 미만에서 발생하는 낮은 높이의 추락재해가 전체의 70% 이상을 차지하는 것으로 나타났다.

국내 재해의 절반에 해당하는 협착, 추락, 전도 사고만 줄여도 1년에 약 300명 정도의 목숨은 구할 수 있다는 결론이다.

6. 재해 통계로 본 플랜트 건설현장

최근 필자가 근무한 캐나다 현장에서 약 2년 반 동안 발생한 703건의 모든 사고에 대한 분석자료인데 전체 통계는 아니지만 참고할 가치는 있다고 판단되어 공유한다. 아래 표에서 보듯이 사고 종류에서는 물적 손실이 가장 많았다. 신체부위별로는 손과 손가락 부상이 가장 많고, 1년 중 11월이 가장 사고가 많고, 하루 중 점심시간 바로 이전인 11:00~12:00 시간대에 사고 건수가 많음을 볼 수 있다. 모든 현장에 적용하는 것은 무리가 있는 이유는 단 하나의 현장 사고기록을 기초로 한 자료이기 때문이다. 하지만 사실을 바탕으로 분석한 것이므로 사고 예방에 도움이 되기 바라는 마음이다.

사고 유형	소 계	사고 유형	소 계
시간손실 부상 (1일 이상 입원, 일반재해)	2	환경	43
제한적 근로 (1일내 복귀 후 단순휴식 단순부상)	3	아차 사고	73
치료 (의료기관 치료 후 복귀 단순치료)	29	재물 손상	245
응급 처치	191	차량 사고	32
직업병 / 미치료	42	규정 위반	14
경제적 손실(피해 없음)	9	불안전한 상태	20
합계			703

최근 칠레 현장에서 발생한 사고들을 사고 개요, 요일, 부상 부위로 분류해 보았는데 우선 날짜별로 보면 토요일, 월요일, 수요일 순서로 토요일이 가장 높았으며, 신체 부위별로는 손가락과 손이 33%로 가장 많고, 다음은 눈이 24%로 두 번째를 차지한다.

빤눈이
플랜트 이야기

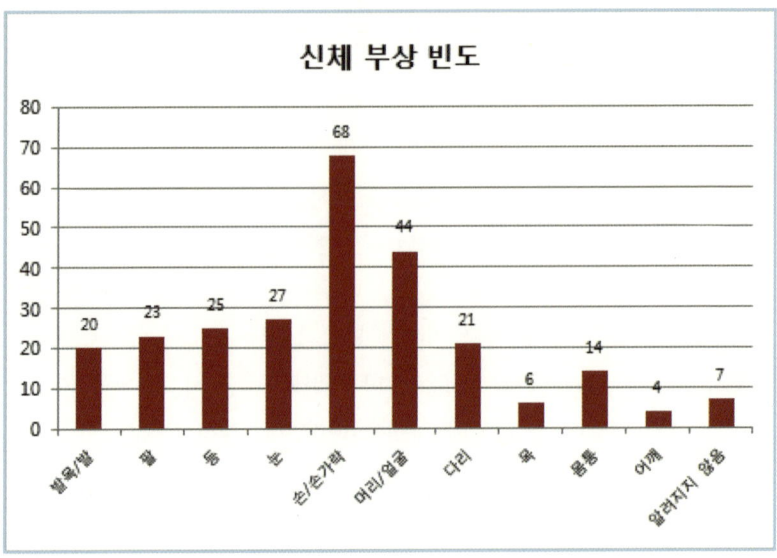

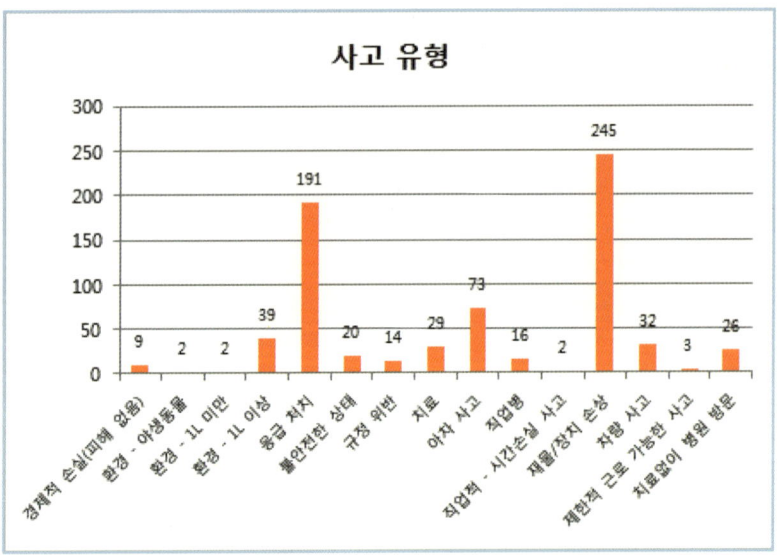

PART 02 Safety(안전)

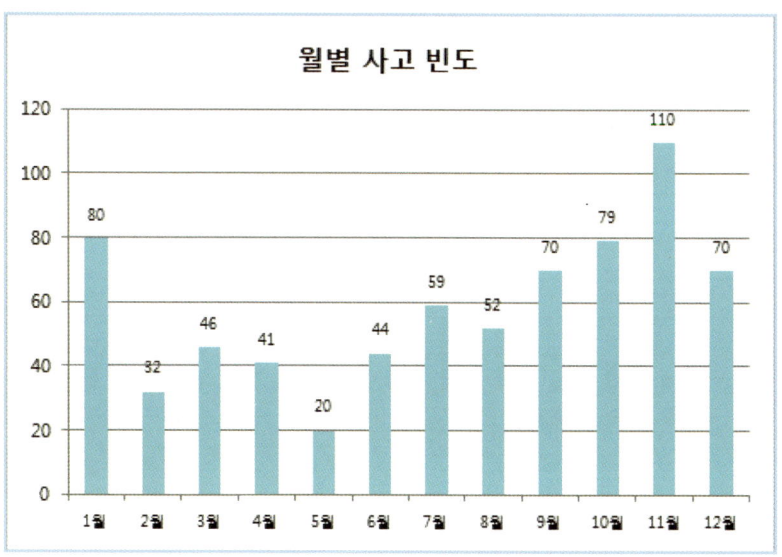

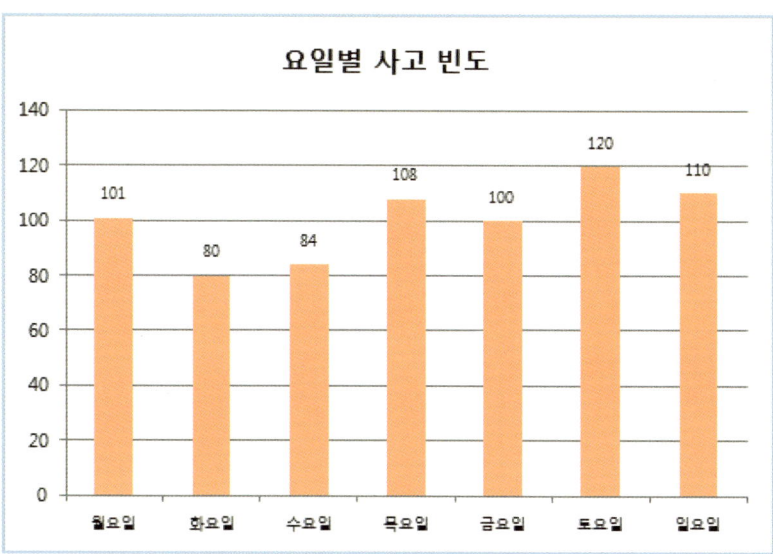

빤쭈의 플랜트 이야기

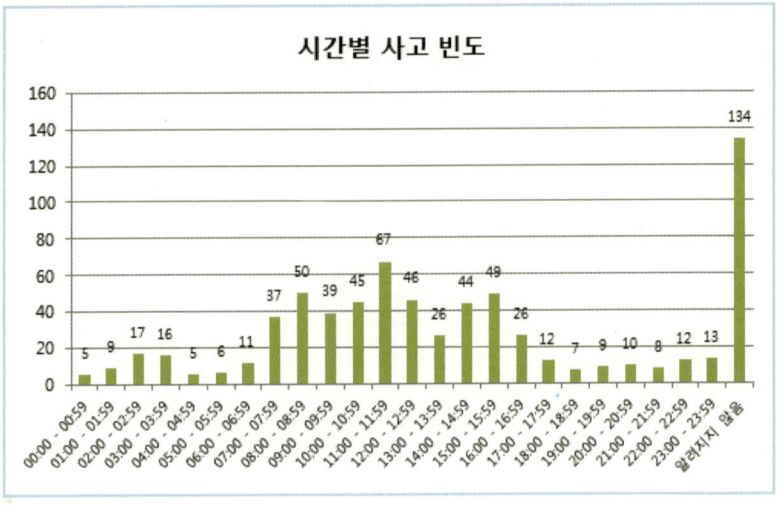

PART 03

Environment (환경)

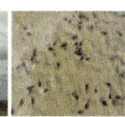

1 캐나다, 선코의 환경목표와 성과 소개

　다음 내용은 "Suncor"라고 하는 캐나다에서 가장 큰 오일샌드 및 정유회사의 환경관련 자료로 캐나다뿐만 아니라 세계 어느 나라에서도 적용할 수 있고 환경관리를 이해하는데 좋은 자료라고 생각되어서 번역해서 붙인 것이다.

　현대 생활을 영위함에 있어서 모든 분야에 에너지의 사용은 필수불가결한 요소이다. 그러나 동시에 에너지의 생산과 사용은 기후의 변화, 환경파괴뿐만 아니라 국제경제와 지역사회에 심각한 위협으로 다가오고

빤돌이 플랜트 이야기

있다.

"Suncor"는 에너지 개발에 따른 환경 파괴와 건강한 환경보존 간의 균형을 위하여 그리고 지역적으로, 국제적으로 직면해야 할 환경문제들에 대처하기 위하여 경영자 차원에서의 접근이 필요함을 인식하게 되었다.

따라서 2009년 "Suncor"는 "에너지를 개발하고 발전시키면서 미래 세대를 위하여 건강한 환경을 보존하여야 한다"는 슬로건으로 2007년의 환경 실적을 베이스라인으로 하여 2015년까지 물소비량 12% 저감, 훼손된 토양의 복구율 100% 증대, 에너지 사용 효율 10% 향상, 대기오염물질 배출량 10% 저감이라는 매우 도전적인 환경경영 성과목표를 제정하고 성과향상을 강하게 추진하였으며, 이러한 각각의 목표들은 비즈니스와 환경적 위험요소, 이해관계자들의 관심, 그리고 지속적인 환경경영에 대한 다짐의 척도로서 기업경영 성과와 연결되어 매우 중요한 의미를 가지게 되었다.

이러한 경영차원에서의 전략적인 목표의 제정과 환경 신기술에 대한 투자, 재생에너지에 대한 포트폴리오의 구성, Operational Excellence Management System(OEMS)의 실행과 환경경영에 대한 내부적 평가뿐만 아니라 다양한 외부 이해관계자, 정부, 업계 파트너들과의 지속적인 커뮤니케이션과 피드백을 통하여 2007년 수준 대비 향상된 성과를 2016년 지속가능성 보고서에 아래와 같이 적고 있다.

- 물의 가치를 이해관계자들과 적극적으로 공유하고 Reduce(물 사용량을 절약하고 수자원 보호), Reuse(물 재사용율 증가), Return(수 처리와 자연으로 방류량 증가)함으로써 물 소비량 저감 12% 목표 대비 27% 저감성과 달성
- 에너지 개발을 위하여 토양의 훼손은 불가피하지만 "토양을 최초

의 자연 상태로 되돌려놓는다"는 목표를 달성하기 위하여 개발 과정과 오퍼레이션 중 토양에 대한 영향 최소화, 혁신적인 기술과 더욱 공격적인 복구계획을 통하여 훼손된 토양에 대한 복구 가속화, 균형 잡힌 환경을 위한 생물의 다양성 보존과 야생 서식지 보호라는 세 가지를 집중 관리하여 토양복구율 100% 증가, 목표대비 176% 복구율 향상 성과 달성

○ 성장전략의 도입 이후 시설의 확장, 신규 프로젝트 개설 등으로 에너지 사용량은 오히려 현저히 증가됐음에도 불구하고 전기사용량의 최적화 및 저감, 유휴열을 이용하는 효율성이 높은 전기 생산기술 적용 등 Suncor의 Energy Management System(EMS)을 통한 에너지 효율 증대 노력으로 에너지 효율 10% 향상, 목표대비 9% 향상 성과 달성

○ 오일샌드의 지속적인 개발 중에도 신기술 투자를 통한 Healthy Ecosystem의 유지와 장비 및 기계 시설 업그레이드 그리고 Operation 중 지속적인 오염물질 배출 저감 노력으로 오염물질 배출량 저감, 10% 목표 대비 배출량 36% 저감 성과 달성

"Suncor"는 2015년까지의 환경경영 목표에 대한 성과와 경험을 토대로 지역 원주민들과의 유대 강화, 온실가스 배출 저감, 수자원 보호를 장기적인 관점에서의 향후 지속가능 환경경영의 지향점으로 재정립하였으며 이러한 새로운 목표는 더욱 실용적인 접근과 현재 수준 이상의 혁신과 독창성을 요구하고 있으며 더불어 우리가 공유하는 세상에 건설적으로 기여할 수 있도록 현재의 역량을 넘어선 성과 향상을 가이드할 것이다.

빤돌이
플랜트 이야기

What is Oilsands

- Bitumen that has Sand and Clay mixed up in it

참고 자료 출처: Suncor Website (Report on Sustainability 2016) http://sustainability.suncor.com/2016/en/default.aspx

2 조류보호

한국에서는 보기 어려운 자연환경 보호이기에 소개하고자 한다.

칠레 북부 태평양 연안에 바다새들이 많이 산다. 우리나라 같으면 천연기념물 정도로 생각한다. 주변은 온통 검은 사막 모래뿐이고 초목이 없어 산새가 없고 볼 수 있는 것은 페리칸, 콘돌, Gaviontin, Pipilen 등 바다새들이다.

매년 10~12월에 부화를 하는데 공사장 근처에서 부화를 하면 시공을 중지해야 하므로 이를 방지하기 위해 해안 경사면에 Raschel Net를 설치한다. 공사 중 발생한 소음이 새가 부화하는데 방해를 주기 때문이며 환경보호를 위해 할 수 있는 몇 가지 중 하나다. 특별히 아래 사진의 두 종류 바다 새는 칠레 나라에서 보호하는 조류다. 배고팠던 어릴 적 새총 만들어 참새와 비둘기 잡아먹었던 기억에 나 혼자 쓴웃음을 짓는다.

Gaviontin chico   Pilpilen

빤호의
플랜트 이야기

3 폐기물 처리 및 분류

자연환경 보호에서 빼놓을 수 없는 부분이 쓰레기 분류이다.

현장사무실 복도에 이렇게 분리수거용으로 쓰레기통을 네 개씩 두는 것은 캐나다에서 처음 보고 사진을 찍어 두었다. 마음속으로 선진국이어서 환경보호를 잘 실천하는구나 생각했다. 현장의 사무실에서도 일반 쓰레기와 재활용이 잘 분리되고 있어 널리 공유하고 싶었다. 필자가 해외 현장에 다니면서도 구경할 수 없었던 모습이어서 감동을 받았다. 분리수거로 원가절감 및 환경보호라는 일거양득이다. 우리도 실천해보자.

캐나다 현장 사무실 곳곳에 놓여진 분리수거 쓰레기통

4 토양 오염

　현장에서는 공사장비에 연료를 주입하다가 또는 엔진오일을 교환하다가 한 방울이라도 땅바닥에 흘리게 되면 즉시 보고하고 조치를 취해야 한다. 토양오염 방지 측면에서다.

　캐나다 오일샌드 현장에서 있었던 일인데 발주처에서 크레인에 주유하다가 오일이 흘렀다고 어떻게 할 것이냐고 주간 회의 시 나한테 역정을 낸다. 화가 난 필자의 대답은 우리가 현재 오일샌드 프로젝트를 수행하고 있고 땅속 20미터 정도 파면 전부 오일인데 실수로 인해 한 방울 흘린 것이 그렇게 많은 잘못이냐고 따져 물었다. 그랬더니 회의 참석자들이 다 웃고 말았다. 나의 억지였다.

　자연 상태의 토양이 가지고 있는 자정능력을 쓰레기 폐기물, 기름 등 외부 오염으로 해서 자정능력이 상실되어 식물재배 등에서 생산성이 저하되고 생태계가 변화될 수 있기 때문이라고 생각한다. 캐나다 오일샌드 현장에서야 이유가 있다고 하지만 모든 현장에서는 기름 누출을 막아서 깨끗한 지구 환경을 보호하자.

　참고로 비닐봉지가 자연 분해되는 시간은 100년에서 500년이 걸린다고 한다.

빤돌이
플랜트 이야기

에필로그

필자의 욕심일까?

하루라도 빨리 출간해서 플랜트 건설현장에 종사하는 관련자들에게 이 책이 전달되어서 필자의 이야기가 읽히고 마음이 전달되기를 바라고, 어떤 내용들은 독자들로부터 공감을 얻어서 결국 건설현장에 적용이 되어 하나의 사고라도 줄이는데 도움이 되고자 하는 마음이다.

정확히 전달하고 싶었는데 미사여구도 모르고 글 쓰는 공부도 못했다. 그러다 보니 몇 십 번을 다듬었는지 모른다. 읽을 때마다 고쳐지고 더해진다.

책을 쓰기 시작한 배경은 이러하다. 지난해 8월 어느 날 밤 꿈을 꾸었다. 필자가 근무하는 회사의 최 사장님과 본사 안전환경실의 홍 팀장님 두 분이 제 자신이 근무하는 칠레 현장에 출장을 오셔서 왜 책을 아직도 안 쓰고 있냐고 했다. 꿈이 너무 생생하여 다음날부터 시작을 해서 전체적인 개념을 정리하고 소제목을 하나씩 적어갔다. 약 열 달이 지나는데 현장소장 역할을 수행하면서 틈나는 대로 책을 써서 보태 나가다 보니 이야기의 내용이 부족하고 오래 걸릴 수밖에 없었다.

영어는 최소한 줄였는데 해외 플랜트 건설에 사용되고 보편화되어 있는 단어들이 전문용어에서 오는 영어를 사용하다 보니 그대로 적을 수밖에 없었음을 이해 바란다.

보건, 안전, 환경의 3축으로 전개시켰으며, 보건 부분에서는 건강이 최고라는 말을 하고 싶었고, 안전 부분에서는 가장 많은 위험에 노출되어 하루 열 시간을 작업장에서 보내는 근로자들에게, 그리고 작업자를

빤돌이
플랜트 이야기

직접 관리하고 지시하는 협력사 관리자들에게, 마지막으로 설계 구매 시공 시운전 전반을 책임지고 현장시공을 담당하는 대기업 건설 관리자들에게 전하고 싶은 메시지로 나누어서 각자 위치에서 어떻게 하는 것이 효율적일까 라는 측면에서 경험을 담았다. 환경 부분에서는 선진국의 환경관리를 소개하여 우리가 배워야 할 점을 상기시켜 주고 싶었다.

모두에게 하고 싶은 안전에 대한 이야기와 잊혀지지 않는 사고들로 아직까지 남아있는 아픈 기억들, 일상의 플랜트 건설현장생활 동안 평소에 내가 현장에서 구성원들한테 직접 당부하고 때론 지시했던 내용을 사실대로 옮겼다.

마지막은 꼭 알아야 할 안전에 관한 기초지식을 공유 하자는 취지에서 적어보았다.

스펙도 부족하고 자랑할 거리도 없지만 국내 현장을 제외하고 해외 건설현장에서 연속으로 24년째 근무하고 있다는 이유 하나로 용기를 내서 나의 이야기로 채웠다.

프롤로그에서 언급했지만 이 책은 어떠한 안전지침서는 아니다. 더구나 필자는 국내 건설현장에서 근무한 경험은 있지만 주니어 시절이어서 기억에 남는 것이 별로 없다. 대부분 해외 현장에서 겪은 이야기들이다 보니 일부 국내에 계신 분들은 이해가 안 되는 부분도 있으리라.

하지만 목숨을 걸고 현장에서 한 땀 한 땀 흘려가면서 무에서 유를 창조하는 작업자, 이들을 보살피고 함께하는 관리자는 세계 어디에서나 공통적으로 존재한다는 것은 확신한다. 남의 얘기이고 평범하지만 작은 도움이라도 되었기를 바라는 마음뿐이다.

플랜트 건설업은 경험을 바탕으로 한 지식산업이라고 한다.

변화무쌍한 환경에 적의 대처하는 것은 경험을 통하지 아니하고는 많은 시행착오를 겪을 수밖에 없다.

건설현장에서 많은 경험을 가진 분들이 세계 각국에서 본인들의 이야기들을 책으로 발간해서 세상에 나오기 바라는 마음이다. 어쩌면 인생의 선배로서 근로자 및 관리자들에게 조언을 해주어서 한 사람이라도 다치지 않고, 목숨을 잃는 일이 없게 된다면 감사한 일이 아닐까 생각된다.

아쉬움은 또 남는다. 책을 출간하고 난 후에 더 좋은 기억들과 더 하고 싶은 이야기가 떠오를 텐데, 다시 책을 쓸 수도 없는 일이다. 일단 나의 좌우명 "진인사대천명(盡人事待天命)"처럼 지금 최선을 다하자는 마음으로 썼다.

귀한 시간 내어서 추천의 글을 써주신 모든 분들과 이 책 작성과 편집 그리고 교정에 도움을 주신 김정우, 김시연, 류재영, 우병학, 김태원, 배웅렬, 최은선, 김다솜, 김다운, 임정주, 정현욱, 김수연, 한창석, 최진희, 윤이나 님에게 감사함을 전한다.

끝으로 책이 안 될 것 같은데도 편집과 출간에 도움을 주신 도서출판 두남 전두표 사장님과 임직원께 감사드립니다.

▶ 저자약력 ◀

■ 김 인 식

전남 완도 (소안도) 출생
조선대학교 졸업 (기계공학사)
영광 울진원자력 발전소 건설현장 근무
광양제철 설계 및 감리
군산 세아 특수강 설계 및 감리
태국 아로마틱 플랜트 건설현장 기계시공 담당
멕시코 정유공장 및 질소공장 건설
    살라만카 : 현장소장
    까데레이따 : 공사부장
    마데로 : Warranty Manager
    깐따렐 5 : 질소공장 현장소장
쿠웨이트 원유 집하시설 건설 : 현장소장
아부다비 정유공장 건설 : 현장소장
캐나다 오일샌드 : 현장소장
칠레 석탄화력 발전소 : 현장소장

--- 수상 내역 ---
- 2008 지식 경제부 장관상 수상
- 2009 건설 교통부 장관상 수상
- 2010 국무총리 표창, 건설 플랜트의 날

빤초의 플랜트 이야기

초 판 1쇄 인쇄 —— 2017년 8월 1일
초 판 1쇄 발행 —— 2017년 8월 5일
지은이 —— 김 인 식
펴낸이 —— 전 두 표
펴낸곳 —— 도서출판 **두남**
　　　　서울시 강동구 성내로6길 34-16 두남빌딩
　　　　신 고 : 제25100-1988-9호
　　　　TEL : 02) 478-2065~7, 2311
　　　　FAX : 02) 478-2068
　　　　E-mail : dunam1@unitel.co.kr
　　　　http://www.dunam.co.kr

정가 11,000원

ISBN 978-89-6414-748-1　13320